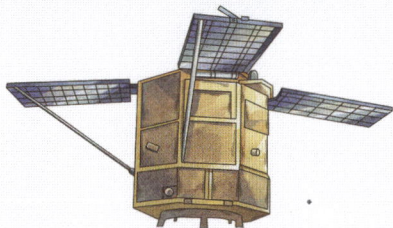

目　录

U0721432

我的大中国

从零到一的辉煌历程

冰河 编著

点击这里激活点读笔

中国大百科全书出版社

图书在版编目（CIP）数据

从零到一的辉煌历程 / 冰河编著. -- 北京：中国
大百科全书出版社, 2025. 4. -- (我的大中国).
ISBN 978-7-5202-1875-7

Ⅰ. N12-49

中国国家版本馆CIP数据核字第20256JU740号

出 版 人：刘祚臣
策 划 人：海艳娟　盖　乐
责任编辑：董淑芳
插画绘图：百闻文化
设计制作：张　昕
美术编辑：张紫微
营销编辑：宋金煜
责任印制：李宝丰
出版发行：中国大百科全书出版社（北京市西城区阜成门北大街17号 100037）
网　　址：http://www.ecph.com.cn
经　　销：全国各地书店
印　　刷：河北鑫玉鸿程印刷有限公司
开　　本：787mm×1092mm　1/16
印　　张：8.5
字　　数：130千字
印　　量：00001～10000
版　　次：2025年4月第1版　2025年4月第1次印刷
书　　号：ISBN 978-7-5202-1875-7
定　　价：49.90

本书全文可点读，点击藏在文中的  还有意外惊喜哟！

快和冰冰博士开启一场"声"临其境的阅读之旅吧！（点读笔需另购）

前　言

在历史的长河中，中国以不屈不挠的精神和卓越的智慧，书写了一个个辉煌的篇章。本书便是这辉煌篇章的缩影，它跨越了火红的年代、改革开放的春天以及跨入新千年三个重要历史时期，展现了中华民族在追求进步与发展道路上的壮丽足迹。

火红的年代是中华人民共和国成立后艰苦奋斗、自力更生的光辉岁月。从第一辆"东方红"拖拉机的轰鸣，到歼-5战机的翱翔蓝天，再到"两弹一星"的成功研制……每一项成就都标志着中国在工业、军事和科技领域的重大突破。

1978年，党的十一届三中全会开启了改革开放和社会主义现代化建设新时期，神州大地被激发出前所未有的活力与创造力。从"长城号"货轮的扬帆远航，到中国南极长城站的顺利建成，再到大亚湾核电站的安全运行……这些成就都一一预示着中国正逐步走向世界舞台的中央。

跨入新千年，中国更是以惊人的速度实现了跨越式发展。从"中国中铁一号"盾构机的自主创新，到厦门远海自动化码头的智慧运营，再到"夸父一号"空间探测器的成功发射……中国在各个领域都取得了举世瞩目的成就，为人类的发展与进步贡献了中国智慧和中国方案。

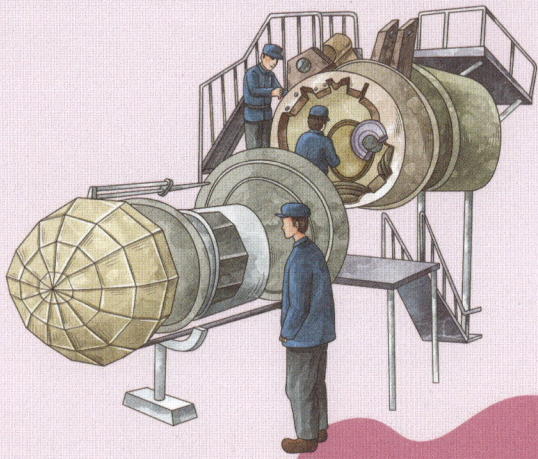

火红的年代

1949年中华人民共和国的成立，为中国发展翻开崭新的一页。20世纪50～70年代是新中国一段激情燃烧、拼搏奋进的历史篇章。在这段波澜壮阔的时光里，新中国的建设者们以钢铁般的意志和无私的奉献精神，创造了一个又一个伟大的成就：

　　成渝铁路如一条钢铁巨龙，贯穿巴蜀大地，拉近了城市与乡村的距离，开启了新中国大规模交通建设的序幕；"东方红"拖拉机的诞生，推动了中国农业从传统人力、畜力劳作向机械化、现代化转变；第一颗原子弹的成功爆炸震撼世界，标志着中国拥有了保卫和平的强大力量……

　　这个火红的年代是新中国从一穷二白到逐步崛起的历程，它见证了中国人民在党的领导下，通过自己的智慧和汗水，创造出一个又一个人间奇迹。这些成就不仅改变了中国，也影响了世界，是中华民族的宝贵财富。

1952年，成渝铁路全线通车

1952年7月1日，成渝铁路全线通车。这条铁路是新中国成立后自主修建的第一条铁路，不仅连接了西南重镇成都与重庆，更象征着新中国自力更生、艰苦奋斗的辉煌开篇。服役至今的成渝铁路是由中国自行设计施工、完全采用国产材料修建，是中国铁路史上的一个创举。

成渝铁路全长505千米，大桥7座，中桥77座，铁路公路立交桥11座，小桥涵渠1548座，隧道6445米。

枕木：由川东、川南、川北各地区的农民采伐树木后送至工地。众多农民为了支援修路，将在减租退押、土地改革中分得的香樟、楠木等木材改制成枕木运至工地。

筑路工人在修建铁路

筑路工人的智慧创新

筑路工人谢家全创造出"压引放炮法"，使得爆破威力增大，而且使每方爆破所需的黑色炸药从原来的250克降低至94克。筑路工人颜绍贵创造的"单人冲炮眼法"，让开凿坚石冲炮眼的效率大幅提升，由原来每班两人钻进8米提高到24米，大大提高了工效。在施工现场，工人们还运用智慧凭借土办法自制打夯机、运土机、挖泥弓以及扒杆卸砟等工具。

西南交通网络的枢纽

成渝铁路穿越四川盆地腹地，连接了四川省会成都与直辖市重庆，是西南地区的第一条铁路干线，也是连接川西与川东的经济、交通大动脉。成渝铁路在成都的一端与宝成铁路和成昆铁路相连；在重庆的一端与川黔铁路和襄渝铁路接轨；在中段的内江站与内昆铁路相连；成渝铁路全线还与出川的主要公路以及长江、嘉陵江的航运相衔接。

成渝铁路全线共有43座隧道。新中国成立后，新建成部分隧道的边墙和拱圈采用就地取石的方法合理利用石料。

5

1956年，解放CA10型载重汽车成功下线

　　1956年7月13日，在长春第一汽车制造厂，新中国第一辆汽车——解放CA10型载重汽车成功下线，这一里程碑式的事件结束了中国不能制造汽车的历史。解放CA10型载重汽车为新中国的建设和发展提供了重要的运输力量，在当时的经济建设中发挥了不可替代的作用。

解放CA10型载重汽车采用后桥驱动，装备直列水冷六缸四冲程汽油发动机，最大功率约90马力（约66千瓦），载重量4吨，可拖带4.5吨重挂车，最高车速每小时65千米，每100千米的燃油消耗量约29升。后来人们又在其基础上生产了改进的CA15型及第二代载重汽车CA141型。

"解放"标识：位于进气格栅上方，采用毛泽东主席为《解放日报》题字中的"解放"两字的手写体，是车辆的品牌标志，代表着中国汽车工业的解放和自主发展，具有极高的辨识度和象征意义。

进气格栅：由多根横条组成的长方形结构，位于汽车前脸中部，为发动机散热提供空气流通通道。

转向灯兼示廓灯：位于轮毂包上的小灯，发出黄色灯光。

解放CA15型载重汽车

解放CA15型载重汽车于1983年由中国第一汽车制造厂生产，是在解放CA10的基础上改型而来。相比CA10，CA15的载重量由4吨增加到5吨，动力从约90马力（约66千瓦）提高到约115马力（约85千瓦），每100千米的燃油消耗量变为26.5升。CA15在外观上保留了CA10的"大鼻子"，但在细节上有所改进，如车厢从木质结构更换为铁质结构并进行了加长、后视镜造型更换使整车盲区变小等。CA15还是首批搭载柴油发动机的卡车，它的出现是长春第一汽车制造厂对解放系列车型的一次重要升级和改进。

货箱：位于车辆后部，采用长方形结构。周边围栏为木板（后期换成铁皮），起到保护货物的作用。

油箱：位于车辆一侧，暴露在外，便于加油操作和日常维修。

1956年，歼-5喷气式歼击机首飞成功

1956年7月19日，随着轰鸣的引擎声划破天际，中国航空工业迎来了历史性的时刻——中国制造的第一架喷气式歼击机歼-5在沈阳首次试飞成功。从此，中国结束了不能制造喷气式歼击机的历史，成为当时世界上为数不多的能够批量生产喷气式飞机的国家之一，中国航空工业也自此迈入了喷气技术的新时代。

歼-5喷气式歼击机是根据苏联研制的米格-17F型战斗机仿制而成，整体采用机头进气，后掠式中单翼布局。

机身：采用圆形截面的流线体设计，以减小空气阻力。

中0101

机头：采用圆形进气道，左侧下方装有两门23毫米机炮，机头右侧下方装有一门37毫米机炮，备弹量为200发。

涡喷-5离心式喷气发动机

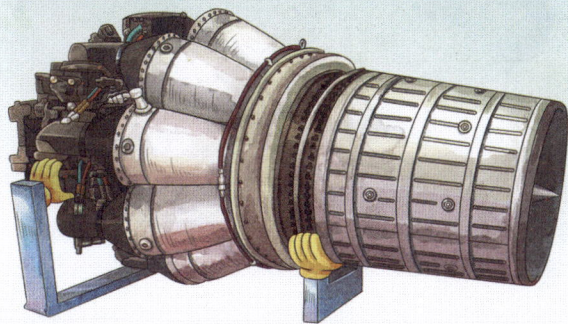

歼-5所装备的涡喷-5离心式喷气发动机根据苏联一款发动机的技术资料仿制而成，于1954年开始研制，1956年6月完成定型鉴定，成为中国第一种投入使用的国产涡喷发动机。涡喷-5发动机采用了多种先进设计，包括单级双面离心式压气机、分管燃烧室以及单级反力式涡轮等。

歼-5技术及性能数据

乘员：1人
机长：11.36米
翼展：9.6米
机高：3.8米
空重：3939千克
发动机：涡喷-5离心式喷气发动机

最大起飞重量：6000千克
最大平飞速度：每小时1145千米（高度3000米）
最大航程：1560千米（带副油箱），1020千米（不带副油箱）

发动机：使用国产仿制型号涡喷-5离心式喷气发动机。

机翼：分左右两翼，可各挂一颗100~250千克的炸弹。

9

1957年，武汉长江大桥正式通车

1957年10月15日，武汉长江大桥正式通车。这座雄伟的桥梁不仅是长江上的第一座大桥，更是新中国成立后自主设计并建造的第一座公铁两用大桥，被称为"万里长江第一桥"。它如同一条巨龙横跨天堑，将长江南北紧密相连。

武汉长江大桥全长约1670米，其中主桥约1156米，北岸引桥303米，南岸引桥211米。桥分上下两层，上层为公路桥，宽约20米，为4车道；下层为铁路桥，宽14.5米，为双线铁轨，两列火车可同时对开。

庭式桥头堡：大桥两端各设两座，既是桥梁的重要组成部分，也是具有观赏价值的建筑。

武汉长江大桥建成的重大意义

武汉长江大桥衔接了京汉铁路和粤汉铁路，将武汉三镇——武昌、汉口和汉阳连成了一体。通过武汉长江大桥，中国南北地区的铁路网和公路网从此联为一体。武汉长江大桥成为连接中国南北的大动脉，对促进南北经济的发展起到了重要的作用。

武汉长江大桥庭式桥头堡

全国人民的支援与奉献

武汉长江大桥的建设得到了全国人民的广泛支援。据记载，建桥工人最多时达到约13000人，技术人员有300多人。同时，还有来自全国各地的工厂和人才纷纷投入到大桥的建设中。例如，沈阳、上海、北京、武汉等地的工厂负责赶制大桥各种施工机具；鞍山、山海关、重庆和大冶等地的工厂则负责制造钢轨、钢梁、水泥和各种钢料。

正在建设中的武汉长江大桥

主桥：采用钢桁架三孔连续梁结构，横跨长江主航道，是连接南北两岸的主要通道。

护栏：位于桥面两侧，装饰有雕花图案，展现了中国传统文化的魅力。

引桥：分别连接主桥与两岸的陆地，使车辆和火车能够平稳地从陆地过渡到主桥上。

1958年，"东方红"拖拉机诞生

1958年7月20日，新中国第一台自主生产的"东方红"54型履带式拖拉机在洛阳第一拖拉机制造厂缓缓驶出。这台拖拉机的诞生不仅标志着中国拖拉机工业的开端，更拉开了中国农业机械化时代的序幕。

履带：由多块履带板连接而成，使拖拉机能够适应泥泞、沙石、草地等各种复杂地形。

封闭式全金属驾驶室

柴油箱：内部装有带量尺的大容量油箱，以便驾驶员随时掌握燃油量，及时加油。

支重轮：位于履带下方，用于支撑拖拉机的重量并传递动力。

导向轮：履带式拖拉机转向和保持行驶方向的关键部件。

"东方红"75型履带式拖拉机

20世纪60年代,"东方红"75型履带式拖拉机在"东方红"54型拖拉机基础上改进并投入生产。该拖拉机采用4125A型水冷式四冲程柴油发动机,提升了动力性能和燃油经济性。同时,对车架前梁、托带轮密封、最终传动齿轮盖等关键部件也进行了改进,提高了耐用性。这款拖拉机在中国农村和工地上得到了广泛的应用,成为中国发展农业机械化的典型拖拉机。

发动机:内部搭载高性能AE-54型四缸四冲程水冷柴油机,额定功率54马力(约40千瓦),最大牵引力2850千克。

新中国第一位女拖拉机手

新中国第一位女拖拉机手名叫梁军,1930年4月,她出生于黑龙江省明水县一个贫苦家庭,原名梁宝珍,后更名为梁军,寓意要像军人一样去工作、去战斗。1948年,年仅18岁的梁军突破重重阻力,成为黑龙江北安农垦拖拉机手培训班中唯一的女性学员,并学会了驾驶拖拉机。1962年发行的第三套人民币壹圆券上的女拖拉机手形象,正是以她为原型创作的。

"东方红"54型履带式拖拉机不仅可以应用于农垦,还能在水利、交通、土方施工领域得到广泛应用,每天可耕地约8公顷,是牛耕地效率的40多倍。

1958年，"红旗"高级轿车试制成功

　　1958年8月1日，中国生产的第一款高级轿车试制成功，它的名字——"红旗"传承至今。之后不久，长春第一汽车制造厂决定重新设计此车型，经过五轮样车试制和改进设计后，终于定型。1959年8月，新车型轿车投入批量生产，并确定产品编号为CA72型。自此，中国拥有了自己的第一辆高级轿车，它是中国汽车工业的标志和里程碑。

仪表板和窗框采用福建大漆和赤宝砂工艺，体现了中国传统文化与工业的结合。

车前格栅：采用扇形设计，使整个车头显得庄重、典雅。

中国的"劳斯莱斯"

1959年10月1日，10辆崭新的红旗CA72型轿车在国庆十周年庆典上亮相，引起了广泛关注。此后，红旗CA72型轿车逐渐成为国家礼宾用车和重要场合的接待用车，为中国汽车工业的发展树立了典范。1960年，该车参加莱比锡国际博览会，被意大利汽车界权威人士评价为中国的"劳斯莱斯"。

内饰：采用民族工艺美术制品，座椅包裹了杭州名产织锦缎，并铺设了手工地毯。方向盘采用长春电影制片厂的美术家所设计的古车图案，民族气息十分浓郁。

动力系统：采用全手工测绘、纯国产制造的V型8缸液冷发动机，最大功率为220马力（约162千瓦），为车辆提供了强劲的动力。同时，轿车采用了液压无级变速箱，使得换挡更加平顺，提升了驾驶的舒适性。

CA72J检阅车

1959年的中华人民共和国成立十周年大阅兵中，CA72J检阅车首次亮相。检阅车以红旗CA72型高级轿车为基础进行改造，去除了顶盖，中隔墙上增加了扶手，成为专为检阅设计的无顶盖车型。车身侧窗下的装饰条延伸至后翼子板尾端的后灯上部，形成类似军装肩章的视觉效果，车身扁长而威武，彰显出"巡洋舰"的气势。此后多年，CA72J检阅车及其后续红旗CA770等车型，一直作为中央首长的接待用车和阅兵用车，成为中国汽车工业的一张名片。

1959年，发现大庆油田

1959年9月26日，位于黑龙江松辽平原上的松基三井喷出黑色的石油，标志着大庆油田被发现。在大庆油田勘探和开发过程中，石油工人们铸就了"大庆精神"，他们一面开荒打猎，一面钻井采油，仅用3年时间，就建成了年生产能力500万吨的原油生产基地，占同期全国原油产量的51.3%，让中国甩掉了"贫油国"的帽子，实现了石油的基本自给。

> 大庆油田是中国最大的油田，由喇嘛甸、萨尔图、杏树岗等数十个规模不等的油气田组成，总面积约6000平方千米。油藏主要集中在大庆长垣构造带，该构造带是松辽盆地中央坳陷区中部一个隆起的二级构造带，构造相对稳定，油层分布较为集中，便于大规模开采。

游梁式抽油机：大庆油田最常见的抽油设备，俗称"磕头机"。它通过电机驱动，带动游梁上下摆动，使抽油杆在井筒内做往复运动，从而将地下的原油抽到地面。

浮游生物和动植物的尸体

浮游生物和动植物

石油

天然气 现在

4亿~2亿年前

2亿~5000万年前

特大型陆相砂岩油田

大庆油田是世界上为数不多的特大型陆相砂岩油田。其所在的松辽盆地在数亿年前是一个大型的内陆湖盆。在这个湖盆中，河流带来了大量的泥沙等沉积物，这些沉积物在湖泊底部逐渐堆积，其中的砂岩部分成为石油的储存场所。大庆油田开采区域广泛，而且油层为多层，不同层位的油层都有开采价值，这使得大庆油田的开采规模非常庞大。

"铁人"王进喜

王进喜是大庆油田的石油工人。在大庆油田的勘探和开发过程中，王进喜以其卓越的领导力和无私的奉献精神，成为众人敬仰的"铁人"。有一次在钻井过程中发生了井喷，王进喜奋不顾身跳进泥浆，用身体搅拌水泥并用水泥掺土压井，连续奋战5小时控制住了井喷。这一英勇事迹迅速传遍了整个油田，也传遍了全国，激励了无数人为实现国家的繁荣富强贡献自己的力量。

井架：石油钻井作业中的核心支撑结构，用于安放天车，并悬挂游车、大钩、吊环、吊卡等钻井作业中必需的机具。

17

1960年，"东风一号"近程导弹成功发射

　　1960年11月5日，随着指挥员一声令下，中国自主研制的第一枚国产近程导弹——"东风一号"（代号"1059"）从西北戈壁滩上的导弹靶场腾空而起，在飞行7分31秒后，精准命中554千米外的目标。"东风一号"近程导弹的成功发射宣告中国彻底结束了没有导弹的历史。

"东风一号"近程导弹是基于苏联P-2导弹武器系统仿制而成，是中国制造的第一代地对地导弹。导弹起飞重量（总重）20.4吨，弹道最大高度168千米，最大射程590千米。

尾翼：在飞行过程中能够稳定导弹的姿态和方向，确保导弹按照预定轨迹飞行。

从仿制到自主创新的飞跃

"东风一号"的研制始于1958年，当时中国获得了苏联提供的P-2导弹武器系统，并以此为基础开始了仿制工作。然而，中国导弹研制团队并没有止步于简单的仿制，而是不断学习、创新，逐步掌握了导弹设计、制造的核心技术。在钱学森等老一辈科学家的带领下，广大科技人员和部队官兵克服了重重困难，终于在1960年成功发射了中国第一枚国产近程导弹。

弹头：高爆弹头，重1.3吨，具有一定的破坏力。

科研人员研制国产近程导弹

"东风"系列导弹

自"东风一号"发射成功后，"东风"系列导弹不断发展壮大，经历了从液体燃料到固体燃料、从近程到中远程乃至洲际导弹的跨越，形成了包括东风-2、东风-3、东风-4、东风-5以及更先进的东风-21、东风-26、东风-31和东风-41等多个型号的庞大导弹家族。其中，东风-41作为最新一代洲际战略核导弹，更是被誉为"镇国之宝"，具备超远程打击、多弹头分导、高精度制导等先进特性，是维护国家安全和战略利益的重要战略武器。

弹体：全长17.68米，最大直径1.65米，翼展3.56米，内部包含燃料箱、制导系统等关键部件。

东风-41洲际战略核导弹

19

1962年，12000吨自由锻造水压机建成

　　1962年6月22日，中国自行设计制造的第一台万吨水压机——12000吨自由锻造水压机建成并正式投产。该水压机的建成投产，不仅极大地提升了中国重型装备制造的能力和水平，更为中国航空航天、国防军工、石油化工等关键领域的发展提供了强有力的支撑。

工作缸：共6个，用于产生高压，推动活塞柱进行锻造作业。

活塞柱：共6根，在高压下推动压砧对钢锭进行锻压。

压砧：用于接受活塞柱的压力，直接对钢锭进行锻造的部件。

12000吨自由锻造水压机能做什么?

12000吨自由锻造水压机一般用于锻造、冲压、挤压、拉伸等需要较大压力的工作。作为重型机械制造的核心设备,它能够完成大型金属部件的锻造加工,将金属坯料在模具中压制成形,制造出形状复杂、尺寸精确、性能优良的大型锻件。这些锻件广泛应用于航空航天、船舶制造、石油化工、重型机械等领域,是构建国家重大装备和基础设施的重要基础材料。

刚出炉的巨型大钢锭即将被锻造

12000吨自由锻造水压机高16.7米,重2000多吨,由46000多个零部件构成,其中超过50吨的部件有20多个,超过100吨的有10多个。作业时,水压机以350个大气压的压强,推动6根活塞柱,可以产生每个活塞2000吨、整机12000吨的压力。

横梁:包括上、中、下3根,均为重量级的大部件,起到稳固结构和传递压力的作用。

立柱:共4根,约18米高,1米粗,每根重量达80吨,是支撑整台设备的核心部件。

15000吨重型自由锻造水压机

2006年12月30日,15000吨重型自由锻造水压机一次热负荷试车成功。这台水压机是在12000吨自由锻造水压机基础上的又一次突破,其主机结构、控制水平、锻造产品规格3项主要技术性能,超过国外同类设备,达到国际领先水平。它的成功试车和投产,使中国成为世界上第三个拥有此类设备的国家。

1963年，世界首例断肢再植手术获得成功

1963年1月2日，上海机床钢模厂冲床车间的工人王存柏的右手腕关节以上一寸处被冲床完全切断，工友们立刻将他送到了上海市第六人民医院。经过8个小时的手术，陈中伟等医护人员成功地将王存柏的右手重新接回到手臂上。这不仅挽救了王存柏的右手，也标志着世界医学史上首例断肢再植手术的成功。

> 断肢再植手术是将完全或部分离断的肢体，通过手术重新接回身体，并恢复其功能的精细手术。

22

"世界断肢再植之父"
陈中伟

陈中伟因成功完成世界首例断肢再植手术，被誉为"世界断肢再植之父"。陈中伟从医数年，他和他的同事共接活上千只断肢或断指，而且还创造了"断截与再植""足趾移植""大块肌肉游离移植""腓骨移植"等多项世界第一的成就。陈中伟也是第一位担任国际显微重建外科学会主席的中国医生。

医生们使用套接法在显微镜下对患者的断肢进行血管、神经和肌肉的精细缝合，成功完成了手术。术后1年，王存柏返回工厂上班，他那只再植右手不仅能写字、提东西，而且还能穿针引线、打乒乓球。

用塑料做成的血管套管

世界首例断肢再植手术的关键在于接通断手的4根主要血管，并对手骨、神经和肌腱进行对接。但医生在手术中面临的最大问题就是缺少血管套管，且国内外文献中提到的套管多为金属套管，医院没有这种套管，也无法选择不同直径的套管。就在此时，手术室护士长宗英提出用热水拉长塑料管来制作套管。经过试验，医护人员成功做出了符合要求的"血管套管"。经过灭菌消毒后，陈中伟和钱允庆等医生使用套接法吻合血管，重建起断手的血液循环。最终，那只断离近4小时的右手重新显现出生命的红润。

套接法步骤

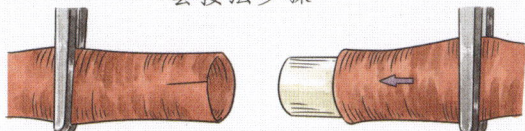

1.将内径和血管外径一样的套管套在近端动脉血管上，像卷袖子一样把血管翻过来套在套管上。

2.将准备吻合的远端血管套在处理好的近端血管上，保证远近端血管内膜彼此对合。

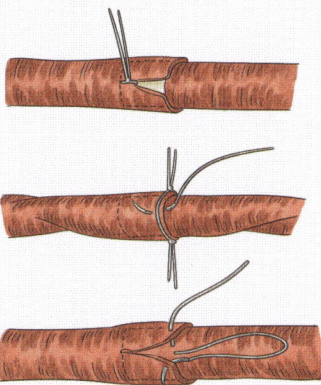

3.最后用丝线将血管固定在套管上，重建血液通道。

1964年，中国第一颗原子弹成功爆炸

　　1964年10月16日，北京时间下午3时整，中国第一颗原子弹在新疆罗布泊成功爆炸，这一声"东方巨响"，不仅标志着中国正式跨入了拥有核武器国家的行列，更向世界宣告了中国人民依靠自己的力量，掌握了原子弹技术，打破了超级大国的核垄断。这一伟大成就，凝聚了无数科研人员的智慧与汗水，是中国科技史上的一座里程碑。

工作人员在试插雷管

"争气弹"与"邱小姐"

　　1959年6月，中国研制原子弹的项目被赋予"596"的保密代号，并因其承载着为国家争气的使命而被亲切地称为"争气弹"。原子弹的外形呈球形，因此最初被戏称为"球小姐"，后改为谐音的"邱小姐"。同时，装原子弹的容器被形象地称为"梳妆台"，因为容器上连接了多个雷管，电缆线如同女性的长发一般，移动起来就像是在"梳辫子"。

塔架：为原子弹爆炸而设计建造的高耸金属结构装置。塔架确保了原子弹在预定的高度和位置爆炸，便于观测和数据收集。

蘑菇云：原子弹爆炸瞬间释放出巨大的能量冲击四周形成的强大云状气团。它由尘土、沙石、浓烟、火焰及其他杂物等构成。

原子弹爆炸的地点选择罗布泊主要是由于其地理位置偏远、人烟稀少，能够最大程度地减少爆炸对周边地区的影响，而且罗布泊气候干燥、地形开阔，有利于进行大规模的核试验和观测。

中国第一颗氢弹

1967年6月17日，中国第一颗氢弹在罗布泊成功爆炸，巨大的蘑菇云在戈壁滩上腾空而起，标志着中国核武器发展迈入了新的阶段。中国成为继美国、苏联、英国之后，世界上第四个成功掌握氢弹技术的国家，国防实力和国际地位得到极大提升。从第一颗原子弹到第一颗氢弹爆炸成功，中国仅用了短短2年8个月的时间，以邓稼先、于敏等为代表的科研人员，在极其艰苦的条件下，攻克了一个又一个技术难关。在氢弹研制过程中，他们还实现了多项技术创新，如独特的氢弹构型设计等，为后续的核武器发展奠定了坚实基础。

1965年，强-5强击机首次试飞成功

　　1965年6月4日，强-5强击机原型机首次试飞成功，1968年11月开始成批生产并装备部队。强-5强击机是中国自行设计的第一种单座双发超声速强击机，在长达40多年的生产、服役中，其性能不断改进，并形成强-5系列。它的出现填补了中国在专用攻击机领域的空白，使中国空军在对地攻击能力方面有了质的提升。

　　强-5强击机基本型长16.73米，翼展9.7米，高4.51米，最大起飞重量11830千克，巡航速度每小时约800千米。强-5强击机有多种型号，包括强-5基本型、强-5甲、强-5乙、强-5Ⅰ、强-5Ⅱ、强-5Ⅲ以及强-5M等。强-5强击机在2017年全部退出现役。

　　武器系统：定型时左右翼各一门23毫米机炮。共有6个外挂点，包括每个机翼下2个，机腹下2个，可挂导弹、火箭、炸弹等。

　　机翼：为后掠式中单翼，上翼面有较大的翼刀，机翼面积27.95平方米。

　　动力系统：装在后机身的两台涡喷-6涡轮喷气发动机，带有加力。

强-5甲强击机

强-5甲是中国第一种,也是唯一一种可携带核武器的强击机。强-5甲是战术核武器投掷专用机型,其机腹部设置半埋式挂架,可装载一枚2万吨当量的小型氢弹"狂飙一号"。该机采用低空突防、跃升甩投战术来投弹,即以低空高速突入目标区域,然后迅速跃升将氢弹甩投出去,既保证了投弹精度,又能让飞机快速脱离核爆炸的影响范围,从而确保飞行员和飞机的安全。

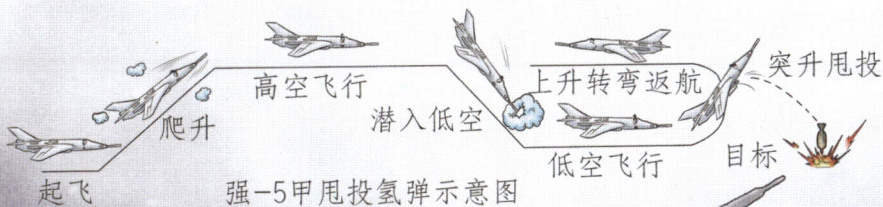

强-5甲强击机

"狂飙一号"战术氢弹

起飞　爬升　高空飞行　潜入低空　上升转弯返航　突升甩投　低空飞行　目标

强-5甲甩投氢弹示意图

座舱:座舱盖可向后翻开,在紧急弹射之前,可在各种飞行状态下抛掉座舱盖。

强-5M强击机

20世纪80年代,中国与意大利开展合作,对强-5进行现代化改造,由此诞生了强-5M强击机。强-5M引进了意大利的先进航空电子设备,以1553字节数据总线为骨干,双余度中央计算机为核心,连接了测距雷达、LN-39惯导系统、大气数据计算机、无线电高度表和罗盘等设备,能够实现导航、瞄准等参数的解算、显示和控制,以及部分武器管理功能。

1968年，"东风号"远洋货轮建成

　　1968年1月8日，新中国自主设计并建造的第一艘万吨级远洋货轮——"东风号"，在上海江南造船厂顺利完成了所有建造工序，并通过了国家严格的验收标准。"东风号"远洋货轮的建成，标志着中国船舶工业正式迈入了万吨级远洋货轮的时代。

　　"东风号"远洋货轮总长161.4米，船宽20.2米，船深12.4米，载重量约1.35万吨，排水量约1.72万吨，具有较强的续航能力。"东风号"航速可达每小时17.3海里，能在海上连续航行40个昼夜，具备远航至欧洲、非洲和拉丁美洲的能力。

船型：单螺旋桨，双层纵通甲板，长艏楼，艏柱前倾，艉部巡洋舰式，中部设计有机舱和甲板室。

货舱：设有878立方米的冷藏舱及1145立方米的液货舱，能载运少量的冷藏货及液货。

攻克重重建造难关

"东风号"的设计团队在短短3个半月内就完成了整个施工设计图纸，比过去5000吨货船的设计周期缩短了3/4以上。在建造过程中，工人们通过按比例缩小放样场地、采用三岛建造法、利用平衡木原理吊装桅杆等创新方法，成功解决了各项难题，并实现了300多项重大技术革新，改进设计和工艺180余项。

设计团队在讨论施工图纸

全国大协作

"东风号"是全国大协作的成果，其建造过程中涉及全国291家工厂和院校。这些机构共同为"东风号"提供了2600多项器材和设备，其中包括40余项新试制的船用产品。比如，船用高强度低碳合金钢材由冶金部钢铁研究所与鞍山钢铁公司共同研究成功；船用主机是中国第一台8820马力（约6483千瓦）的低速柴油机，由上海沪东造船厂试制；船用电罗经则是上海航海仪器厂试制的中国第一套电罗经。

29

1970年，"东方红一号"卫星成功发射

1970年4月24日，"东方红一号"卫星由"长征一号"运载火箭成功发射升空，并顺利进入预定轨道。该卫星是中国第一颗人造地球卫星，它的成功发射标志着中国在航天领域迈出了关键的第一步，成为继苏联、美国、法国、日本之后，世界上第五个独立研制并发射人造地球卫星的国家，开启了中国航天事业的新纪元。

超短波天线：位于卫星顶部，长40厘米，用于与地面进行超短波通信。

"东方红一号"卫星外形是一个直径约1米的72面球形体，质量为173千克，由七大系统组成，包括结构系统、热控系统、能源系统、跟踪系统、乐音与遥测系统、天线系统和姿态测量系统。

拉杆式短波天线：共有4根，长3米，以20.009兆赫频率交替发射《东方红》乐曲、科学探测数据和卫星工程遥测参数。

环腰：装有微波发射和接收天线，用于跟踪测定卫星轨道。

"东方红一号"卫星的乐音装置

"听得到"的卫星

"东方红一号"卫星上的乐音采用电子线路产生模拟铝板琴声演奏，以高稳定度音源振荡器代替音键，用程序控制线路产生的节拍来控制音源振荡器发音，将《东方红》乐曲用无线电波的方式从太空传到了世界各地。这让"东方红一号"成为一颗"听得到"的卫星。

技术人员测试"东方红一号"卫星

"东方红一号"卫星的运行

"东方红一号"卫星运行在近地点高度441千米、远地点高度2368千米的椭圆轨道上，绕地球一圈大约需要114分钟，并以每秒2转的自旋来稳定运行的姿态。卫星采用银锌电池，设计工作时间为20天，实际工作了28天。运行期间，卫星把遥测参数和各种太空探测资料传回地面。1970年5月14日，卫星停止发射信号，自此与地面失去了联系。据观测，目前"东方红一号"卫星还在环绕地球飞行。

1970年，"长征1号"核潜艇成功下水

"长征1号"（舷号：401）是中国自行研制建造的091型核潜艇首艇，为鱼雷攻击核潜艇。1970年12月26日，"长征1号"成功下水，标志着中国正式成为世界上第五个拥有核潜艇技术的国家、具备核潜艇水下发射运载火箭能力的国家。

鱼雷舱内部

"长征1号"艇艏一端安装有6具533毫米的鱼雷发射管，这些发射管用于发射鱼雷导弹。鱼雷舱内还设有鱼雷储存架，用于存放备用的鱼雷。此外，鱼雷舱还配备了相应的发射控制装置，以及供艇员休息的区域。

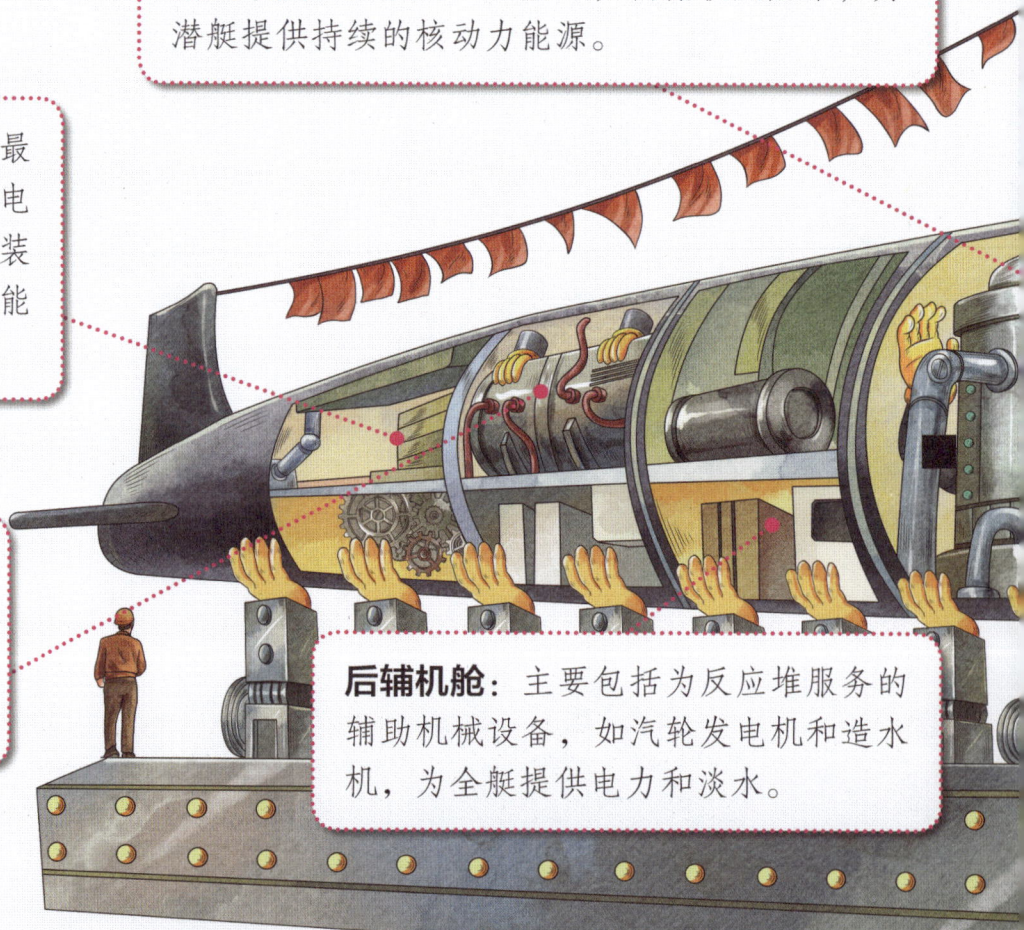

鱼雷舱内部示意图

反应堆舱：潜艇的"心脏"，内储核反应堆，为潜艇提供持续的核动力能源。

尾舱：位于潜艇的最后端，装有应急发电机，确保在主动力装置失效时，潜艇仍能维持水下航行。

主机舱：内设蒸汽轮机，将热能转化为机械能，推动潜艇前进。

后辅机舱：主要包括为反应堆服务的辅助机械设备，如汽轮发电机和造水机，为全艇提供电力和淡水。

"自教自学"建核潜艇

在建造"长征1号"时，科研人员在"三无"——无图纸资料、无专家权威、无外来援助情况下，完全"自教自学"建造核潜艇。当时没有电脑，只有一台手摇计算器，科研人员靠着拉计算尺、打算盘，克服了许多技术难题，完成分段建艇体、设备安装、码头系泊试验与航行试验，最终使"长征1号"成功下水。

科研人员使用手摇计算器

鱼雷舱：位于前部舱室，是储备和控制发射鱼雷的关键舱室。

"长征1号"长约100米、宽约10米，吃水约7.5米，水上排水量约4500吨，水下排水量约5500吨。"长征1号"已于2000年退役。

401

前辅机舱：主要包括厨房和冷藏室，负责为艇上人员提供饮食，同时也处理生活垃圾。

指挥舱：核潜艇的指挥中心，艇长在这里发布操作指令。

1971年，"济南舰"正式交付

　　"济南舰"（舷号：105）是中国自行设计制造的第一代导弹驱逐舰首舰，1968年12月24日开工建造，1971年12月31日正式交付中国海军使用，并于1987年进行了现代化改装。"济南舰"的诞生标志着中国驱逐舰技术从仿制迈向了自主研制的崭新阶段，为后续舰艇的发展奠定了坚实基础。

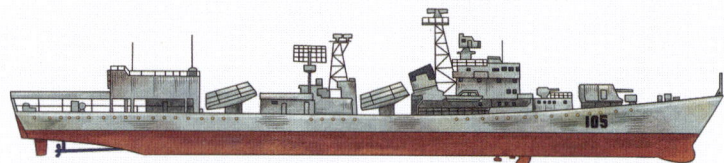

改装后的"济南舰"

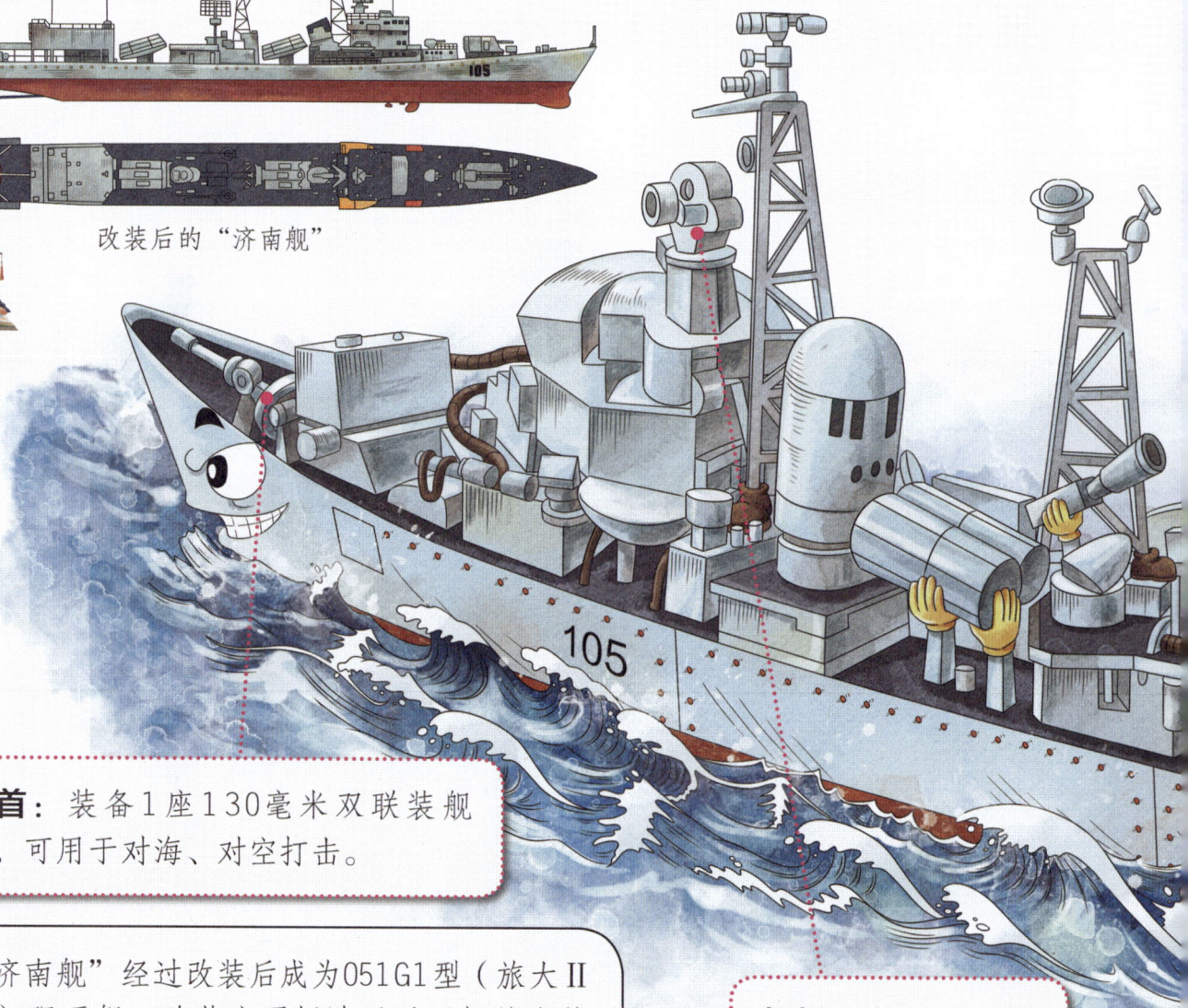

舰首：装备1座130毫米双联装舰炮，可用于对海、对空打击。

"济南舰"经过改装后成为051G1型（旅大Ⅱ级）驱逐舰。改装主要拆除了后甲板的主炮和防空高炮，加装了直升机平台和机库。自此，"济南舰"成为051型导弹驱逐舰中唯一能够搭载直升机的军舰。

舰桥：舰艇的指挥控制中心，集成了雷达、通信、导航等电子设备。

改装前的"济南舰"

改装前的"济南舰"是中国051型（旅大Ⅰ级）驱逐舰首舰，舰长132米，舰宽12.8米，吃水4.6米。"济南舰"采用蒸汽轮机动力，两台大功率蒸汽轮机提供动力，总功率72000马力（约53000千瓦），最高航速达32节；配备了两座130毫米双联装舰炮，主要用于对海、对空打击，具有较强的火力；多座37毫米、25毫米副炮，用于近距离防空和对小型目标的打击；可发射海鹰-1反舰导弹，增强了对敌方舰艇的攻击力。

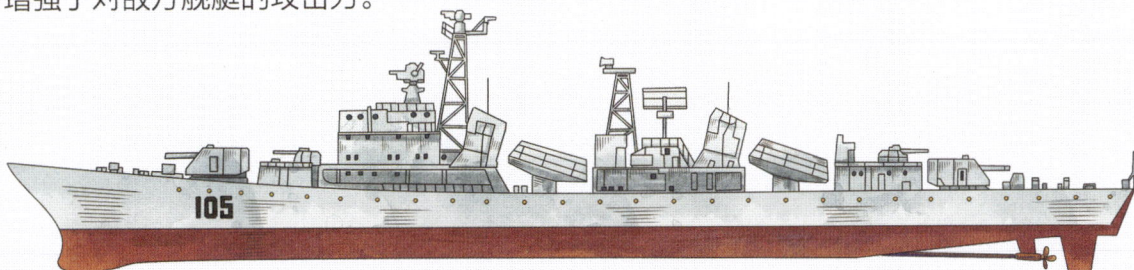

改装前的"济南舰"

双直升机机库：长17米、宽10.5米、高5.5米，可停放2架国产直-9反潜直升机。

飞行甲板：长25米、宽12.8米，装有从法国引进的"鱼叉"直升机助降系统。

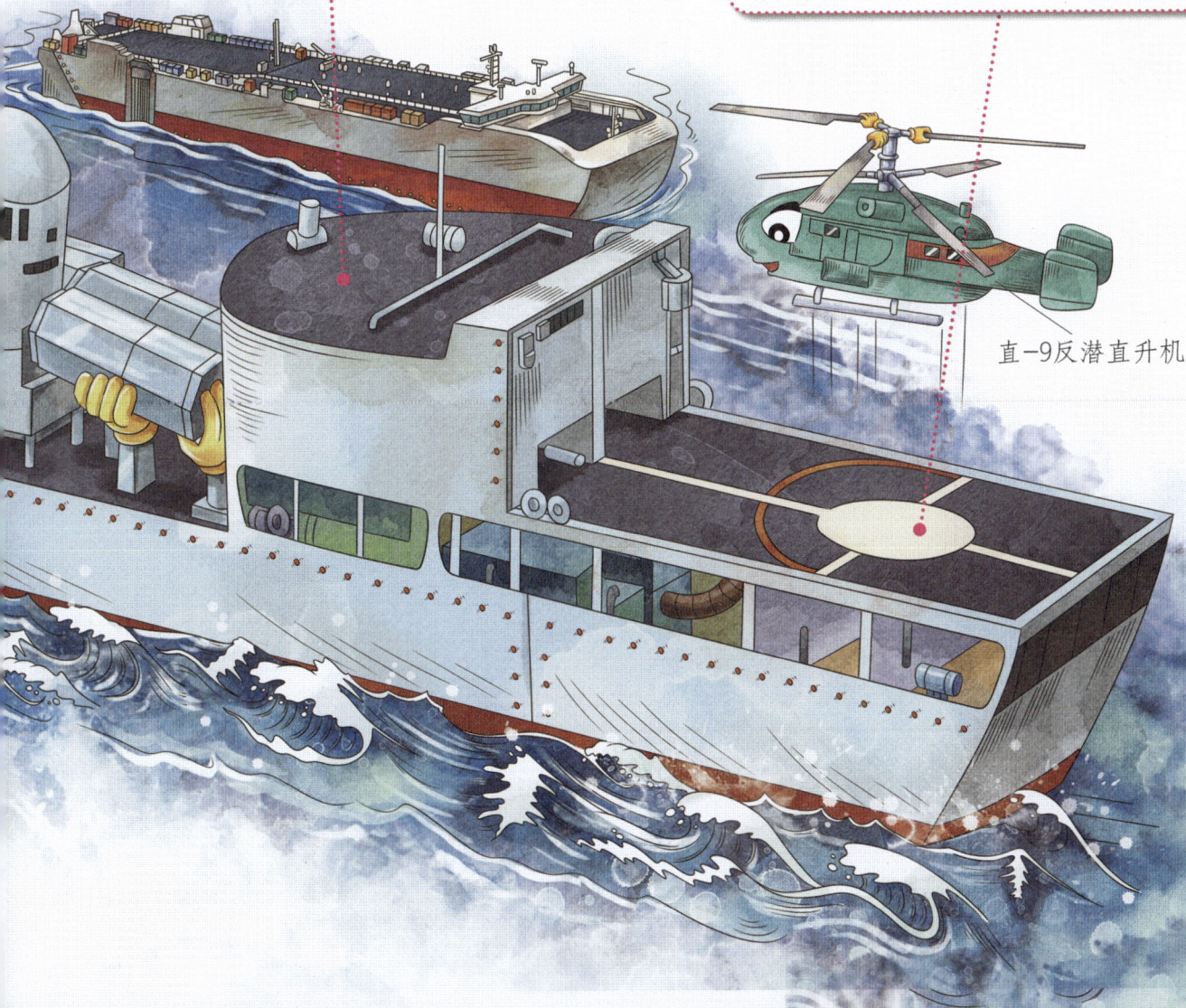

直-9反潜直升机

1974年，69式中型坦克定型

　　1974年，中国自主研制的第一代主战坦克——69式中型坦克正式定型，实现了中国主战坦克由仿制到自主研制的转变，标志着中国坦克工业从此走上了自行设计、生产的道路。69式中型坦克是在59式中型坦克基础上改进设计的坦克，之后经过几次改进，其型号不断扩展，已形成了69式中型坦克车族。

> 69式中型坦克主要武器是100毫米滑膛炮，可携带炮弹44发，采用V型12缸水冷柴油机，其型号还有69-Ⅱ式、69-Ⅲ式等。

> **100毫米滑膛炮**：坦克的主要攻击武器，具备较强的穿甲和爆破能力，可用于攻击敌方坦克、装甲车辆以及其他工事和目标。

59式中型坦克

　　59式中型坦克是中国装备的第一代国产主战坦克，主要仿制苏联T-54A型中型坦克，于1959年开始列装，在20世纪80年代以前一直是中国装甲兵的主要装备。坦克内可乘坐4名士兵，其火炮可以发射钝头穿甲弹和榴弹，辅助武器有12.7毫米高射机枪、7.62毫米并列机枪和7.62毫米前机枪，采用520马力（约382千瓦）水冷柴油机。中国对59式坦克进行了多次改进，推出了多个改进型号，如59-1式、59-2式等，不断提升其作战性能。

苏联陆军T-62主战坦克

T-62主战坦克是20世纪50年代末苏联继T-54/T-55主战坦克后研发的新一代主战坦克，1962年定型。它配备115毫米滑膛炮、7.62毫米并列机枪及后期增设的12.7毫米高射机枪等武器。其生产持续到20世纪70年代末，总制造约2万辆，出口到多个国家，对中国69式中型坦克的研制具有重要的借鉴作用。

车长昼夜观察指挥镜：用来昼夜观察战场环境和指挥坦克作战的装置。

火炮双向稳定器：能够在坦克行驶或车身晃动的情况下，保持火炮的水平和垂直稳定。

炮长夜视瞄准镜：供炮长在夜间或低能见度条件下使用的瞄准设备。

激光测距仪：用于精确测量坦克与目标之间的距离。

1977年，"小偃6号"培育成功

20世纪50年代，中国小麦遗传育种学家李振声及其团队着手开展小麦育种工作。经过20多年的不懈努力，他们终于成功培育出了"小偃"系列小麦品种。其中，1977年培育成功的"小偃6号"作为冬性早熟品种，不仅极大地提高了中国小麦的抗病能力，还高产稳产，使中国小麦杂交育种技术跃居世界领先地位，彰显了中国在农业科技领域的自主创新能力。

抗逆性较强："小偃6号"对不同年份出现的冬季干冷、冬春干旱、成熟前的干热风或湿热等都有一定的忍耐力，表现为连续8年成熟正常。

"小偃6号"是用普通小麦与长穗偃麦草远缘杂交方法（不同种属或亲缘关系较远的物种之间的杂交）育成的小麦新品种。自1981年通过品种审定以来，"小偃6号"连年丰产稳产，在20世纪80年代得到广泛推广，90年代持续推广并衍生出多个新品种，已成为中国小麦育种的骨干亲本之一，并在全国范围内得到广泛应用。

育种袋

"小偃"家族

"小偃"系列小麦品种不仅继承了小麦本身的优良特性，还融合了野生近缘植物的抗病、抗逆等基因，使得"小偃"家族在小麦生产中展现出了强大的生命力和适应性。"小偃"家族包含多个优秀的小麦品种，其中较为知名的有"小偃6号""小偃107号""小偃22号""小偃81号"等。

"小偃6号"标本

抗病性较好："小偃6号"对叶锈、秆锈、叶枯等病害有较好的抗性，对条锈病和赤霉病属耐病类型，感染后扩展慢，影响小。

长穗偃麦草

长穗偃麦草经过长期自然选择，积累了普通小麦所不具备的丰富遗传资源，比如携带抗病虫害、抗寒、抗旱、耐盐碱的基因。将这些基因导入小麦，能增强其对不良环境的适应能力，提高产量和品质稳定性。

冬性："小偃6号"在陕西省陇县海拔1300～1500米的高山梯田上，即使最低温度达到-18℃也能安全越冬。

质优："小偃6号"麦粒大且饱满，千粒重稳定在40克左右，出粉率高、皮薄、粒白、质硬，蛋白质含量约14.4%。

39

1977年，"远望1号"测量船正式下水

　　1977年8月31日，由中国自主设计的"远望1号"测量船正式下水，中国成为世界上第四个能够自主建造航天测量船的国家。作为中国第一艘综合性航天远洋测量船，也作为中国航天测控网的重要组成部分，"远望1号"测量船自下水以来，便肩负起卫星、飞船和火箭飞行器的全程飞行试验测量和控制任务，为中国航天事业立下了汗马功劳。

"远望1号"测量船总长191米、型宽22.6米、满载排水量约21000吨。该船已圆满完成了远程运载火箭、气象卫星、载人飞船等57次国家级重大科研试验任务，被誉为"航天功勋船"，享有"海上科学城"的美誉，2010年10月正式退役。

船舶动力系统： "远望1号"的"心脏"，为航行提供动力。该系统主要包括主机、辅机、传动装置和螺旋桨等部分。

定位导航系统： 集成多种导航手段，包括卫星导航、惯性导航、天文导航和无线电导航等，确保"远望1号"在任何海域都能进行精确的定位和导航。

测控天线

"远望1号"装备有多台大型抛物面天线，它们是其测控系统的关键组成部分。其中，USB雷达天线用于跟踪测量航天器或运载火箭的飞行轨迹；180雷达天线负责测轨和监控航天器内部设备情况等。

通信系统：包括多种通信设施和方式，如高频、超高频、甚高频无线电通信、卫星通信等，负责实现与陆上测控站、飞行指挥控制中心等的实时通信和数据交换。

气象系统：包括气象雷达、探测器、气象卫星图像接收终端机等设备，保障"远望1号"能够在复杂海况和气象条件下进行安全航行和精确测控。

测量控制系统：包括雷达跟踪系统、遥测系统、数据处理系统等部分，用以对航天器进行精确跟踪、测量和控制。

磁罗经

磁罗经

"远望1号"测量船上的磁罗经是一种重要的导航仪器。它是利用磁针在地磁力作用下能指向地球磁北（南）极的原理制成的指向仪器。即使在现代化船舶已装配有陀螺仪、卫星导航等先进航海仪器的情况下，磁罗经仍作为重要的导航仪器被安装使用。

改革开放的春天

20世纪八九十年代的中国，如同破晓初现的晨曦，迎来了前所未有的改革开放的春天。这一时期，不仅是中国经济社会的快速转型期，更是科技创新与基础建设齐头并进的黄金时代。

　　中国在各个领域取得了一系列令人瞩目的成就："银河"巨型计算机的诞生，标志着中国在信息技术领域的巨大飞跃，为科研、教育、国防等插上了智慧的翅膀；澄江生物群的惊世发现，如同一把钥匙，打开了远古生命奥秘的大门，让世界重新认识了寒武纪生命的多样性，为中国乃至全球古生物学研究贡献了宝贵财富；京九铁路的贯通，则如同一条经济血脉，贯通南北，加速了沿线地区的资源流动与经济发展，见证了中国大地上的又一次伟大飞跃……这些成就是中国改革开放政策的直接成果，也是中国人民勤劳智慧的结晶。

1979年，"华光"激光照排系统试制成功

　　1979年7月27日，中国的科研人员用自己研制的照排系统，成功输出了一张由各种大小字体组成、版面布局复杂的八开报纸样纸。这张报纸的报头赫然写着"汉字信息处理"六个大字，宣告世界上第一台汉字激光照排样机——华光Ⅰ型计算机试制成功，"华光"激光照排系统正式诞生。该系统研制成功不仅解决了汉字信息处理的关键技术难题，还标志着中国印刷术从"铅与火"的时代跨入了"光与电"的新纪元。

"华光"激光照排系统采用先进的计算机技术和激光技术相结合的方式。首先，通过计算机对汉字进行数字化处理，将汉字的字形信息转化为计算机能够识别和处理的数字信号。其次，利用激光技术在感光材料上精确曝光，形成可供印刷的版面。"华光"激光照排系统被公认为继毕昇发明活字印刷术后中国印刷技术的第二次革命。

王选首次将汉字"装"进计算机

1975年，中国计算机文字信息处理专家王选用"参数表示规则笔画，轮廓表示不规则笔画"这种独特的方法，把几千兆的汉字字形信息压缩后，存进了只有几兆存储量的计算机，这是在世界上首次把精密汉字存入了计算机。王选想出用参数信息控制字形变化时敏感部分的质量的方法，实现了字形变倍和变形时的高度保真，为汉字精密照排系统的研制扫除了最大的障碍。这在当时属于世界首创，比西方早了10年。

"华光"系列系统

1979年，在发明原理性样机之后，王选又相继推出了"华光Ⅱ型""华光Ⅲ型"以及"华光Ⅳ型"激光照排系统。其中，"华光Ⅳ型"系统支持多种字体、字号和排版格式，能够满足不同出版物的排版需求。同时，它还具备文图合一的功能，能够同时处理文字和图像信息。

"华光Ⅳ型"机

铅字排版

在"华光"激光照排系统诞生之前，中国的汉字排版印刷主要依赖传统的铅字排版方式。在进行铅字排版时，字母、数字、标点符号等每个字符都被铸成单独的铅字。这些铅字按照文稿的内容，被一个个挑选出来，并排列在特制的排版架上，形成一行行、一页页的文字。铅字排版需要大量的铅字储备，排版工人需要在众多的铅字中准确地找到所需的字符，然后进行排列组合。一旦出现错误，就需要将错误的铅字取出，再重新放入正确的铅字。此外，铅字排版还需要占用较大的空间来存放铅字。

铅字排版工人寻找所需的字符

1980年，东风-5洲际导弹成功发射

1980年5月18日，中国第一枚洲际导弹东风-5（DF-5）实现了首次全程飞行试验。它的成功发射标志着中国正式成为世界上少数几个掌握洲际导弹技术的国家之一。东风-5自服役以来，一直是中国核打击力量的中坚，对维护国家安全和战略利益起到了至关重要的作用。

制导系统：采用平台—计算机方案，具备高精度的制导能力，确保导弹在复杂环境下仍能准确命中目标。

弹头：通常配备核弹头，具备巨大的爆炸威力，能够摧毁大城市或重要军事设施。

第二级发动机：负责导弹的中后期加速和弹道调整，确保导弹能够准确到达预定目标。

钱学森弹道

钱学森弹道也称"助推—滑翔"弹道，是由中国科学家钱学森在20世纪50年代提出的一种新型导弹弹道设想。钱学森弹道的理念是让导弹在飞行过程中既有巡航导弹的特点，又有弹道导弹的特征，即导弹在大气层内以"打水漂"的方式进行滑翔飞行，大大增加导弹的突防能力和射程。钱学森弹道为"东风"系列导弹，包括东风-5洲际导弹的研制奠定了理论基础。

钱学森弹道示意图

东风-5洲际导弹采用两级液体燃料火箭发动机，具有超过12000千米的射程，能够覆盖全球大部分地区。

核导弹的弹头

核导弹的弹头即核弹头，具有强大的破坏力，可利用核裂变或核聚变反应释放巨大能量，是核导弹的核心组成部分。核导弹在外观上呈现不同的形状和尺寸，这取决于其设计和用途。例如，一些核弹头采用锥形结构设计，以便于在重返大气层时保持稳定。核弹头通常配备先进制导系统以确保命中目标，还采用分导式多弹头、诱饵弹头、变轨技术等多种突防技术以突破敌方防空反导系统。

第一级发动机：由四台独立工作的YF-20B发动机并联组成，提供导弹起飞和初期加速所需的强大推力。

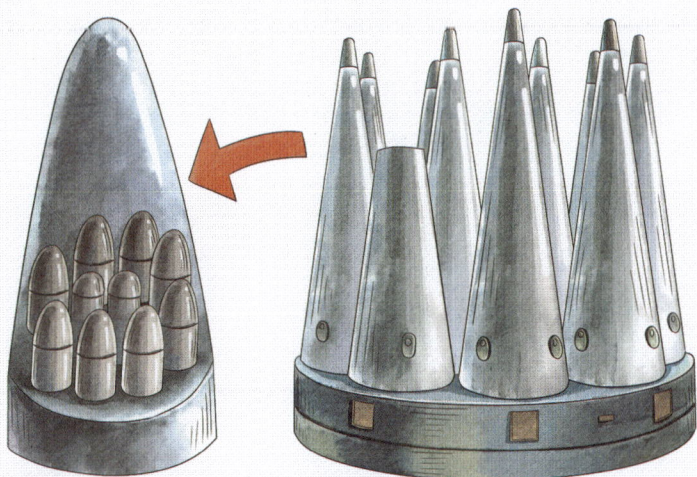

核弹头

1981年，高通量工程试验堆建成

　　1981年2月9日，中国第一座大型高通量原子反应堆——高通量工程试验堆建成，并成功实现了高功率运行。该反应堆的主体和配套工程共有设备5万多台（件），全部由中国制造。它的成功建成，标志着中国已经具备了独立自主设计、制造和建设核电站的能力。

高通量工程试验堆的热功率设计定额为12.5万千瓦，最大热中子通量是每秒每平方厘米620万亿个中子。高通量工程试验堆主要用于反应堆的新型燃料元件和材料的辐照研究试验，也可以兼顾生产各种同位素。

热电偶引出口

引导管

压力壳

控制棒驱动机构：主要用于控制反应堆内控制棒的位置，从而实现反应堆的启动、功率调节、正常停堆以及在紧急情况下的快速停堆等。

高通量工程试验堆的堆芯

高通量工程试验堆的堆芯采用六角形栅格设计，栅距为64毫米。堆芯共有313个栅格，除18个供控制棒专用外，其余都是元件、铍组件、铝组件和同位素靶。其中，铍组件可反射和慢化中子，提升中子利用效率；铝组件发挥结构支撑与保护等作用，保障堆芯稳定；控制棒犹如反应的"阀门"，能通过调节在堆芯中的位置，控制中子数量，进而调控核反应速率；同位素靶则用于接受中子，经核反应生成多种同位素。各部分协同运作，使堆芯产生高强度中子束流，为科研工作提供强大助力。

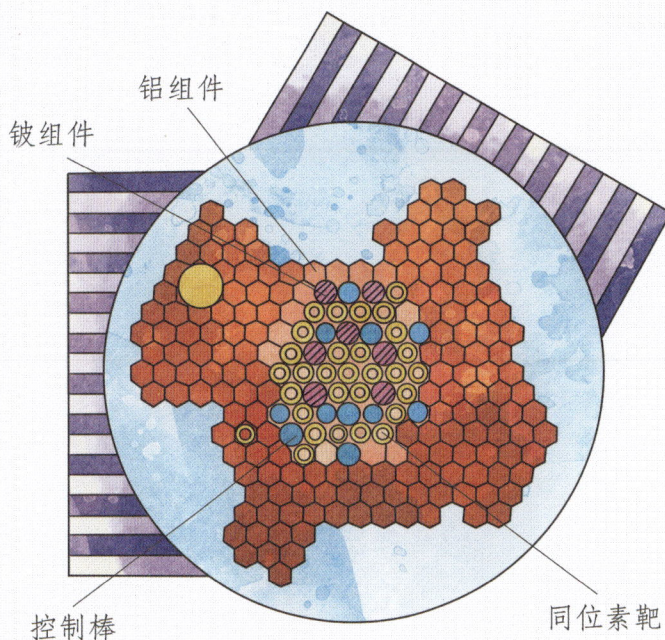

堆芯：位于压力壳的中部，不仅提供高中子通量环境，还可用于材料辐照试验、同位素生产、核反应研究等。

铝组件

铍组件

控制棒

同位素靶

堆芯布置示意图

同位素的应用

高通量工程试验堆生产的同位素可广泛应用在科研、国防、医疗和工农业生产等多个领域。比如，高通量工程试验堆能够生产多种医用同位素，如钼-99、碘-131等。其中，钼-99是制备锝-99m（一种广泛用于医学诊断的同位素）的原料，而碘-131则常用于治疗甲亢和甲状腺癌。中国通过自主生产医用同位素，可以降低对进口同位素的依赖，从而降低医疗成本，使更多患者受益。

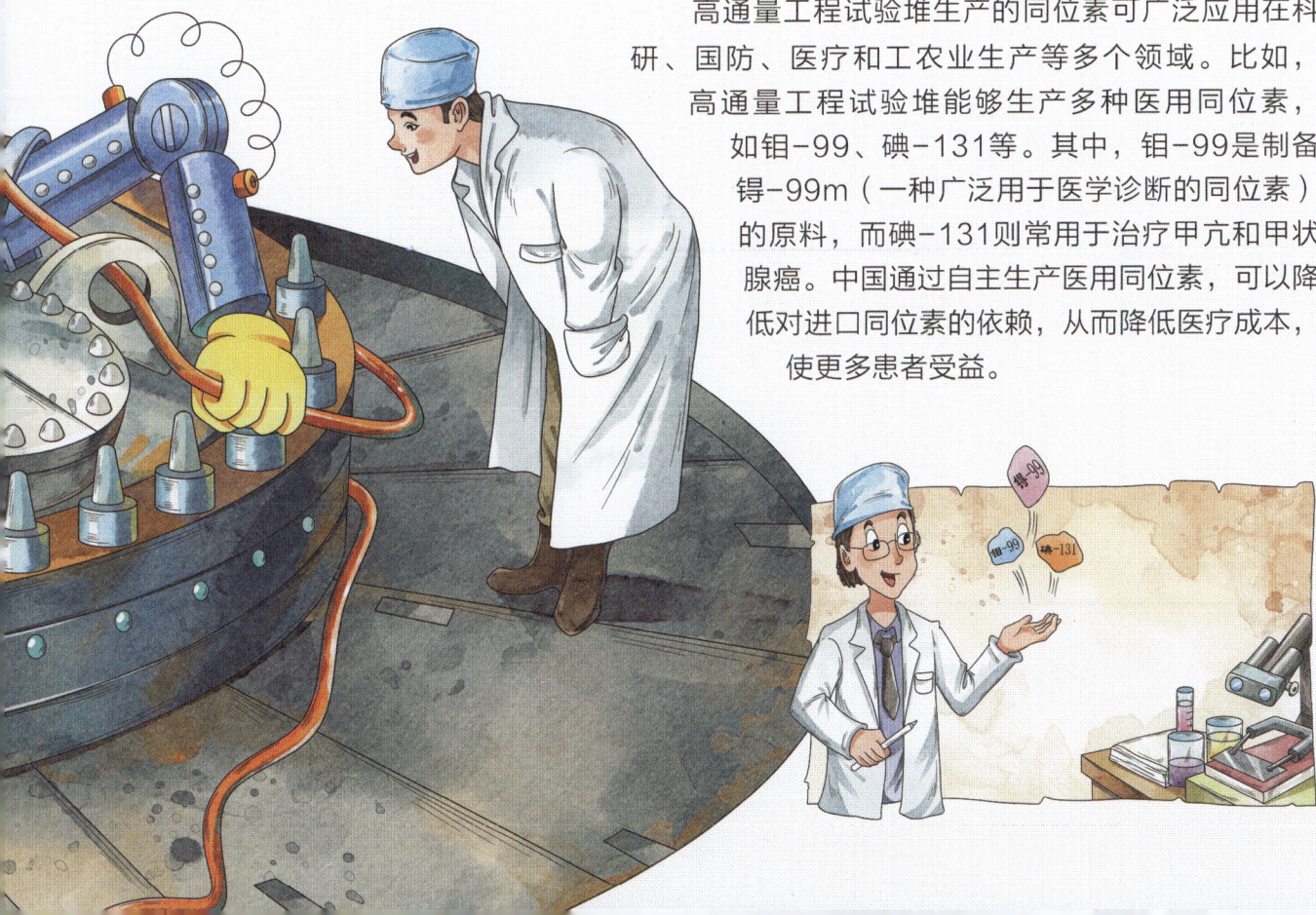

1981年，"长城号"货轮建成下水

1981年9月14日，中国第一艘按照国际规范和标准建造的万吨级以上的出口船舶——"长城号"货轮，在大连下水。"长城号"不仅是中国造船工业向世界展示的一张亮丽名片，更是中国船舶工业从封闭走向开放、从国内走向国际的重要里程碑。

上层建筑：位于船尾，包括驾驶台、船员生活区等。驾驶台较高，视野开阔，配备了先进的导航设备和通信系统。船员生活区设施齐全，可为船员提供舒适的生活环境。

"长城号"货轮载重约2.7万吨，总长约197米。"长城号"首航从中国大连经日本到达美国洛杉矶，历时1个月，航程近万海里，途中经受了4次狂风巨浪的考验，全船万米焊缝无一处破损，油漆无一处剥落。

"祥瑞号"散装货船

在"长城号"货轮建造完成后，江南造船厂又研发并建造了第一艘巴拿马型散装货船，并于1987年10月将这艘64000吨的船只正式命名为"祥瑞号"并交付船东使用。"祥瑞号"的总体性能佳，特别是载重量、油耗和航速三个主要指标均达到了当时的国际先进水平，被船东誉为"由第一流船厂建造的产品"。此船型推出后受到国际市场的追捧，美国、法国等多个国家和地区的船东连续订购数十条同类型的船舶，为中国船舶工业赢得了荣誉，并推动了中国船舶出口业务的发展。

船身：由多个舱室组成，包括货舱、机舱、船员舱等，采用双层船壳结构，增强了船体的强度和抗碰撞能力。

船首：较为尖锐，能够有效减少在航行过程中的水阻，提高航行速度。

1981年，中国首次实现"一箭三星"

1981年9月20日，中国自主研发的"风暴一号"运载火箭在酒泉卫星发射场区腾空而起，成功地将三颗卫星——"实践二号""实践二号甲"和"实践二号乙"送入预定轨道，这标志着中国首次实现了"一箭三星"的壮举。这次"一箭三星"的成功发射，使中国成为掌握"一箭多星"技术的国家之一。

> "一箭多星"即用一枚运载火箭同时发射多颗卫星，在军事上也被称为多弹头技术，可节省多枚火箭分别发射的耗资，并可减少不同火箭运载导致的卫星间轨道误差。"一箭三星"就是用一枚运载火箭同时将三颗卫星送入太空轨道的技术。

"一箭41星"

> **"风暴一号"运载火箭**：代号为FB-1，1969年开始研制，是在东风-5洲际弹道导弹的基础上改进设计的两级液体运载火箭，主要用于发射低轨道科学试验卫星。该火箭在20世纪70～80年代成功执行了多次发射任务，为中国航天事业的发展做出了重要贡献。该火箭已于1982年停用。

"一箭多星"不断刷新纪录

自1981年"风暴一号"火箭成功实现"一箭三星"发射以来，中国的"一箭多星"技术取得了显著进步，并不断刷新纪录。2023年6月15日，"长征二号"丁遥八十八运载火箭在太原卫星发射中心成功将"吉林一号"高分06A星等41颗卫星准确地送入预定轨道，刷新了中国一次发射卫星数量最多的纪录。

三颗空间物理探测卫星

"实践二号""实践二号甲"和"实践二号乙"三颗卫星主要用于空间物理探测实验。它们搭载多种科学探测仪器，如粒子探测器、磁场测量仪等，卫星内部结构布局合理，外壳的密封性和防护性良好。三颗卫星在飞行中协同工作，按照预定轨道收集空间环境、电离层、宇宙线等方面的数据，为中国空间科学研究提供了大量一手参数，对理解地球空间环境变化规律以及航天工程等诸多领域意义重大。

实现"一箭多星"需突破多项关键技术。首先，需要提升火箭运载能力，将更重的多颗卫星送入轨道；其次，需掌握可靠的"星—箭分离"技术，确保卫星按预定程序从舱内安全分离。

"实践二号"

"实践二号甲"

"实践二号乙"

1982年，82式50吨坦克运输车通过鉴定

1982年9月28日，由汉阳特种制造厂研制的82式50吨坦克运输车通过鉴定。作为中国第一代重型坦克运输车，该坦克运输车是当时世界上为数不多的能够承载重型坦克的运输车辆之一。它不仅能够运输主战坦克，还能承载其他重型装甲车辆和火炮，极大地提升了中国陆军的机动作战能力，满足了当时中国陆军对于重型装备快速机动的需求。

轮式牵引车：采用6×6驱动方式，即车辆共有6个轮胎，且6个轮胎都具备驱动力。采用风冷柴油机，有9个前进挡和1个倒挡，还配有气动操纵的轮间和轴间差速锁等。

平头驾驶室

泰安TA4410坦克运输车

　　继82式50吨坦克运输车后，中国相继推出了一系列更具现代化的坦克运输车。其中，泰安TA4410坦克运输车是一款具有代表性的车型。泰安TA4410坦克运输车可以轻松地拉动55吨重的99A坦克，并采用了一系列先进的技术，比如融入先进的智能化控制技术，配备高精度的导航与定位系统，能够实时反馈车辆位置、速度及运行状态，为驾驶员提供精准的操作指导。同时，智能化的故障诊断与预警系统能够实时监测车辆各部件的工作状态，及时发现并排除潜在故障，确保车辆的安全可靠运行。

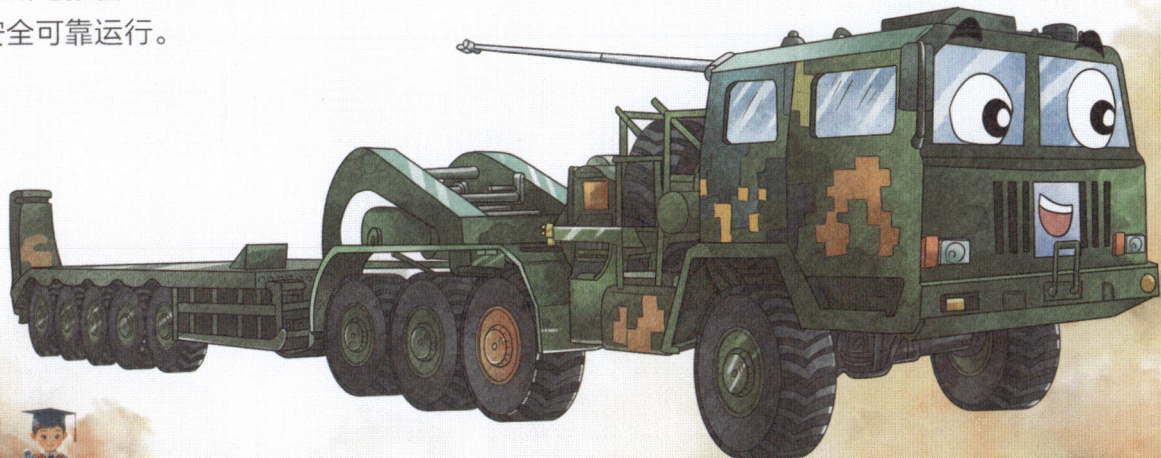

载重平板挂车：采用半挂平板式设计，可轻松托运当时解放军的绝大多数装甲车辆，比如38吨的88式坦克。平台表面经过防滑处理，能有效防止坦克在运输过程中滑动。

1983年，"银河"巨型计算机研制成功

　　1983年12月22日，中国第一台每秒钟运算1亿次以上的"银河-I"巨型计算机研制成功，使得中国成为世界上少数几个成功研制巨型计算机的国家之一。"银河-I"的问世不仅意味着中国在高性能计算领域打破了国外的技术封锁，实现了自主创新的重大突破，更为中国国防、科研、经济等多个领域的发展提供了强有力的技术支撑。

"银河-I"巨型计算机的研制工程始于1978年5月，又称"785工程"。"银河-I"的硬件系统向量运算速度达到每秒1亿次以上，软件系统内容丰富，功能强大。

情报分析

航天航空飞行器设计

科研人员自主创新，相继研制出"银河-II""银河-III"等一系列巨型机，将中国高性能计算机研制技术一步步推向国际前沿。

"银河"系列巨型计算机

"银河-II"

"银河-III"

1993年，科研人员研制成功了全数字仿真"银河-II"型计算机，又于1997年研制成功了"银河-III"百亿次巨型计算机。"银河-II"巨型计算机已为航空航天、水利、水电等多个领域进行了各种大型科学工程和大规模数据处理，完成许多重大研究课题。"银河-III"百亿次巨型计算机先后被安置在国家气象中心、军事气象部门等单位。现在，"银河"系列巨型计算机已成为中国应用领域最广、销量最大的国产巨型机之一。

战略武器研制

能源开发、天气预报

国民经济的预测和决策

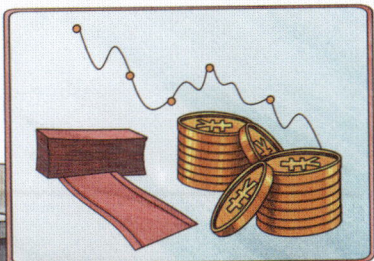

"天河"系列超级计算机

进入21世纪，中国计算机技术的发展进入快车道。2009年成功问世的"天河一号"作为首台千万亿次超级计算机，实现了中国自主研制超级计算机能力从百万亿次到千万亿次的跨越。此后，"天河二号"更是以峰值速度每秒5.49亿亿次的惊人性能，屡次登上世界超级计算机500强榜首，将中国超级计算机的综合技术水平推向了世界之巅。

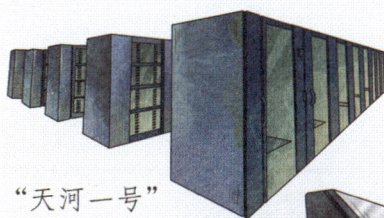

"天河一号"

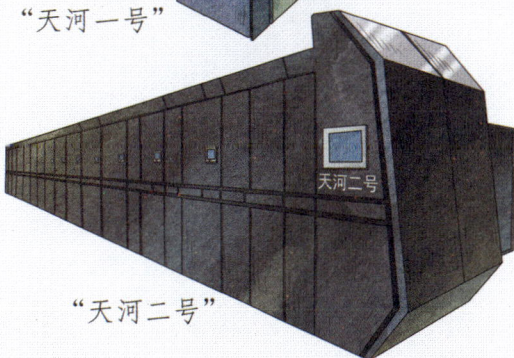

天河二号

"天河二号"

"银河"巨型计算机可用于战略武器研制、航天航空飞行器设计、国民经济的预测和决策、能源开发、天气预报、图像处理、情报分析以及各种科学研究等。

1984年，发现澄江生物群

　　澄江生物群是一个具有重大科学意义的化石宝库。1984年7月1日，中国古生物学家在云南省玉溪市澄江县发现了该生物群，这一发现引起了世界科学界的轰动，被赞誉为"20世纪最惊人的发现之一"。2012年7月1日，联合国教科文组织将澄江生物群列入《世界遗产名录》，澄江生物群成为中国首个，也是亚洲唯一的化石类世界自然遗产。

　　澄江生物群的发现地位于云南澄江帽天山附近，其时代为寒武纪早期，距今约5.3亿年，保存了极为完整和丰富的寒武纪早期古生物化石，如生物的硬体组织化石和大量软体生物化石等，展现了比较完整的寒武纪早期海洋生物群落和生态系统。

古鱼

灰姑娘虫

星口水母体

海口

瓦普塔虾

先光海葵

怪诞虫

微

58

软躯体化石

澄江生物群以丰富且精美的软躯体化石著称，涵盖了蠕虫类、水母类、节肢动物软躯体部分、海绵动物以及一些分类位置不明的奇异类群等众多生物门类。这些化石的存在打破了传统观念中认为软组织难以保存为化石的认知，揭示了寒武纪早期海洋生物的真实面貌。澄江生物群呈现出的生物多样性和复杂性，对达尔文的渐变式进化理论提出了挑战，证明生命可能存在非线性的演化模式，而不是单纯的缓慢、连续的变化过程。

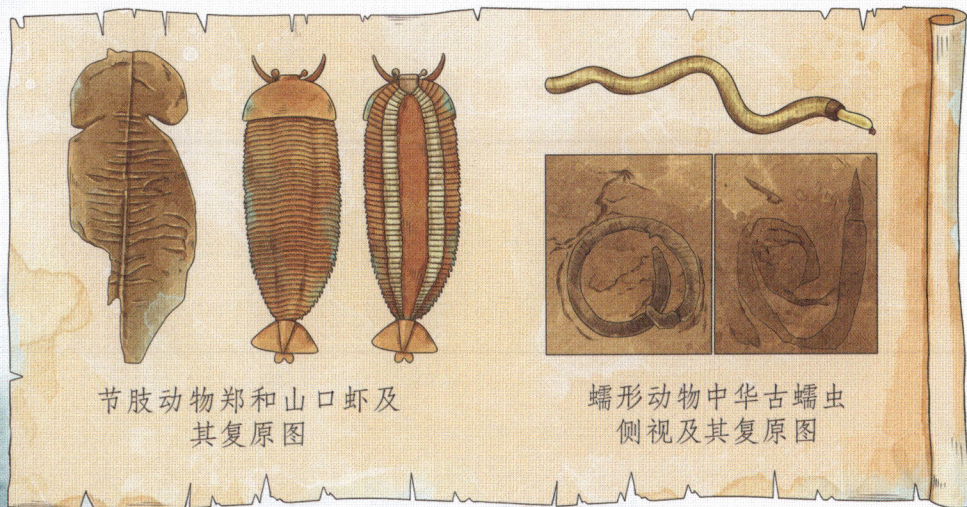

节肢动物郑和山口虾及
其复原图

蠕形动物中华古蠕虫
侧视及其复原图

奇虾：寒武纪时期的一种大型海洋生物，被认为是当时海洋中的顶级掠食者，可能以其他海洋生物为食。

三叶虫：寒武纪时期非常常见的节肢动物，具有坚硬的外壳和分节的身体，分布广泛。

海口鱼

瓜网虫

地质年代

地质年代是用来描述地球历史事件发生时间顺序的时间尺度系统，主要依据地层的岩石特征、古生物化石的种类和分布情况来划分。不同的地质年代有着不同的地层和化石组合，通过对这些特征的研究，可以确定地层的相对年龄和地质事件的发生顺序。地质年代分为宙、代、纪、世、期等不同级别。地质年代的研究对于理解地球的历史、生命的演化以及自然资源的形成和分布具有重要意义。

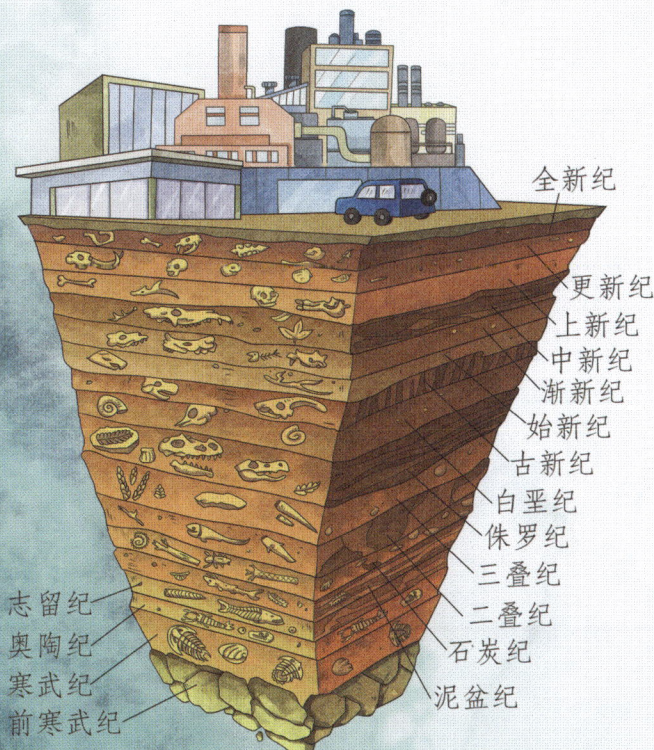

全新纪
更新纪
上新纪
中新纪
渐新纪
始新纪
古新纪
白垩纪
侏罗纪
三叠纪
二叠纪
石炭纪
泥盆纪

志留纪
奥陶纪
寒武纪
前寒武纪

地质年代示意图

1985年，中国南极长城站建成

1984年11月20日，中国第一支南极考察队乘坐"向阳红10号"科学考察船，从上海出发，奔赴南极洲的乔治王岛，建立考察站。1985年2月20日，中国第一个南极考察站——长城站顺利建成。这一历史性的时刻，不仅标志着中国南极科学考察事业的正式起步，也填补了中国在科学事业上的空白，使中国成为能够开展完整南极活动的国家之一。

长城站位于南极洲南设得兰群岛乔治王岛南端，建站只用了45天，除了主体建筑外，还建有冷冻食品库、临时码头和直升机停机坪，并且还安装了发电机，架设了大型通信天线，兴建了气象观测场、储油库等设施。建站时，所用的器材、装备和各种测试仪器都是由中国自己制造。

乔治王岛又称乔治岛，面积约1430平方千米。该岛位于南极地区的低纬度地带，四周环海，常年温度较高，因此比较利于在这里建站。

"向阳红10号"科学考察船

"向阳红10号"科学考察船是中国自行设计制造的第一艘万吨级远洋科学考察船，其远洋能力在当时的中国较为先进，船的操纵性和适航性能极好，能抗12级风浪，即使船体破损，两舱进水也能保证不沉。它为首次南极考察之旅提供了重要的航行保障。

长城湾

长城站东临麦克斯维尔湾中的一个小海湾，这个小海湾被命名为长城湾，这里湾阔水深，方便船舶进出。

长城站支持多学科的科学研究，包括气象观测、冰川学、生物学、海洋学、地质学等，也为科学家在高空大气物理、高能物理、电离层、通信、测绘和极地工程等领域的研究提供了场所。

1986年，中国遥感卫星地面站建成

1986年12月，中国遥感卫星地面站建成并正式运行。目前，中国遥感卫星地面站已成为世界上接收与处理卫星数量最多的地面站之一，为中国的资源调查、环境监测、灾害预警、国土测绘、农业估产、城市规划等众多领域提供了不可或缺的数据支持和技术保障。

中国遥感卫星地面站北极接收站

北极站

北极站是中国第一座海外陆地卫星接收站，于2016年12月15日投入试运行。该站位于北极圈以北约200千米的瑞典基律纳航天中心，平均每日接收轨道约12轨，其数据接收量达国内站的2倍。在数据获取时效性方面，北极站对全球任一地区数据的平均获取时间间隔不超过两小时，相较于国内站，数据获取时效性提升了1倍多。

中国遥感卫星地面站是中国最大的多种对地观测卫星数据档案库，其保存的对地观测卫星数据资料达170余万景。中国现建有密云、喀什、三亚、昆明、北极5个卫星接收站，具有覆盖中国全部领土和亚洲70%陆地区域的卫星数据实时接收能力，以及全球卫星数据的快速获取能力。

中国遥感卫星地面站的任务主要是接收、处理、存档、分发各类地球对地观测卫星数据，并开展相关技术研究。中国遥感卫星地面站是国际资源卫星地面站网成员，可接收多颗卫星数据，实现了全天候、全天时的对地观测。

密云站：位于北京市密云区，建于1986年，是中国最早建立的遥感卫星地面接收站。密云站的建立标志着中国有了自己的遥感卫星地面站。

1987年，1.56米天体测量望远镜建成

1987年11月13日，由中国自行设计制造的第一架大型光学天文望远镜——上海天文台的1.56米天体测量望远镜建成。这台望远镜是当时世界上口径最大的天体测量光学望远镜。它的出现标志着中国在天文观测技术方面迈出了关键的一步，极大地提升了中国在国际天文学界的地位。

主镜：直径1.58米，通光口径1.56米，这一设计使得望远镜能够收集到足够的光线进行精确的天文观测。

1.56米天体测量望远镜采用先进的光学设计，具有高分辨率、高对比度和宽视场等特点。光学系统由采用微晶玻璃制造的主镜、副镜等组成，能够收集并聚焦来自天体的微弱光线，形成清晰的图像。

1.56米天体测量望远镜的微计算机

望远镜的"智能管家"

　　1.56米天体测量望远镜的微计算机是整个系统的核心控制单元，是望远镜的"智能管家"。这台微计算机安装在计算机控制台中，负责控制望远镜的各项操作，能够实时处理大量的数据，确保望远镜的高效运行和观测的准确性。同时，它还具备自动化观测的功能，能够按照预设的程序自动完成一系列观测任务，大大提高了观测效率和数据的连续性。此外，微计算机还与其他设备和系统进行通信和交互，实现数据的共享和远程控制。

1.56米天体测量望远镜的功绩

　　1.56米天体测量望远镜主要用于精确测定恒星的三角视差，研究恒星的空间分布及演化，为宇宙距离尺度的建立及恒星物理等的研究提供重要的观测手段。自投入使用以来，为国内外众多天体测量和天体物理领域的天文学家提供了第一手的观测资料。1994年7月"苏梅克一列维9号"彗星与木星相撞时，该望远镜拍摄了600多张极具科学价值的照片，为国际天文界所瞩目。此外，它还获取了猎户座大星云、M5球状星团、昴星团等天体的珍贵照片。

镜筒：采用桁架式结构，既轻便又稳固，有利于望远镜的精确指向和跟踪。桁架式结构通过多根杆件相互连接形成稳定的框架，能够承受望远镜主镜、副镜等光学元件的重量，并保证其位置的稳定性。

机架：采用叉轴形式机架，结构稳固，能够承受望远镜及其附属设备的重量，同时保证望远镜在观测过程中的稳定性和精度。

1988年，沪嘉高速公路建成通车

沪嘉高速公路是中国大陆第一条高速公路，于1984年12月21日动工兴建，1988年10月31日建成通车。作为中国大陆高速公路建设的先驱，它的成功建设激励着全国各地纷纷开展高速公路建设，推动了中国交通基础设施的现代化进程，成为中国交通事业发展的重要里程碑。

立交枢纽：采用多层结构，通过匝道连接不同方向的道路。沪嘉高速沿线设有多个立交枢纽，如南翔立交、马陆立交等。

沪嘉高速公路南起上海市区的祁连山路，北至嘉定南门，全长20.5千米，路面宽26.5米，中央有3.5米的分隔带，两侧有供紧急停车的硬路肩，宽2.5米。

隔离栅：高约2米，将高速公路与周边环境完全分隔，有效避免了行人、非机动车等外界因素对车辆行驶的干扰，确保行车安全，同时也提高了车辆的行驶速度。

沪嘉高速公路的监控室

中国第一间高速公路监控室

为加强对沪嘉高速公路的管理，上海市公路管理部门建成了中国第一间高速公路监控室，实现了路况观测、流量采集等功能。

1988年，葛洲坝水利枢纽工程竣工

　　1970年12月，位于长江三峡出口处的湖北省宜昌市的葛洲坝水利枢纽工程正式开工建设。历经近18年的艰苦奋战，1988年12月，葛洲坝水利枢纽工程全部竣工，成为世界上最大的低水头大流量、径流式水电站。作为长江上第一座大型水电站，葛洲坝水利枢纽工程的建设是中国水利工程建设史上的一座里程碑。

电站厂房：分为大江电站和二江电站，安装有水轮发电机组，用于将江水的势能转化为电能。

葛洲坝水利枢纽工程将长江分为大江、二江和三江，由挡水坝、发电厂、船闸、泄水闸、冲沙闸等组成，具有通航、发电等综合功能。大坝全长2595米，坝顶高70米，宽30米，最大坝高47米，水库库容约15.8亿立方米。27孔泄水闸和15孔冲沙闸全部开启后的最大泄洪量为每秒11万立方米。电站装机21台，总装机容量271.5万千瓦，设计年发电量157亿千瓦时。

泄水闸：由多个闸门组成，可根据需要进行开启和关闭，用于排放水库中的多余水量，调节水位，最大泄洪流量每秒8.39万立方米。

葛洲坝水利枢纽平面布置图

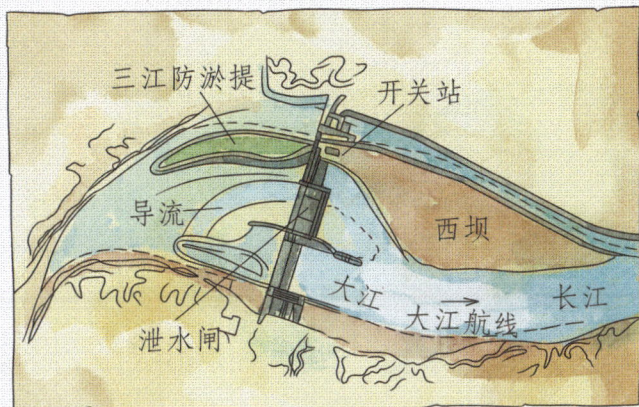

三江防淤提　开关站

导流　西坝

泄水闸　大江　大江航线　长江

两大水利枢纽工程的协作

葛洲坝水利枢纽工程建成后，改善了200多千米的长江航道，淹没险滩21处，大大提高了长江的通航能力，为三峡水利枢纽工程建成后的航运发展奠定了基础。三峡水利枢纽工程建成后，葛洲坝水利枢纽工程成为三峡水利枢纽工程的航运梯级和反调节水库，以削减大坝下游河道水位的日变化幅度，在保证航运安全和通畅的条件下，还可以充分发挥发电效益。

拯救中华鲟

中华鲟是一种古老的珍稀鱼类，它们原本需要洄游到长江上游的金沙江段进行产卵繁殖，由于葛洲坝水利枢纽工程的阻隔，中华鲟的洄游通道被截断，导致其种群数量急剧下降。为了拯救中华鲟，一批科研工作者于1982年成立了中华鲟研究所，这是中国第一家因大型水利工程兴建而设立的珍稀鱼类科研机构，专门从事中华鲟的人工繁殖和放流工作，以补充和恢复野生种群。

中华鲟

船闸：单级船闸，共3座，一、二号船闸闸室可通过载重12000～16000吨的船队；三号船闸闸室可通过3000吨以下的客货轮。

冲沙闸：主要用于排除坝前淤积的泥沙，以保持河床的相对稳定和枢纽的正常运行。

1994年，大亚湾核电站正式运行

　　大亚湾核电站位于广东省深圳市大鹏新区大鹏半岛，于1994年5月正式投入商业运行。这座核电站是中国第一座大型商用核电站，它的建成与运行不仅缓解了当时粤港两地的电力短缺问题，还为中国核电技术自主化发展奠定了基础，标志着中国核电事业从起步走向成熟。

大亚湾核电站有2台百万千瓦级核电机组，截至2024年6月30日，2台机组累计实现上网电量4334.94亿千瓦时，输送香港的电量累计达3145亿千瓦时，占香港总用电量的四分之一。

核岛：包括核蒸汽供应系统、安全壳喷淋系统和辅助系统等，是核反应堆和核设施的主要区域。

常规岛：主要包括汽轮机厂房、冷却水泵房和水处理厂房、变压器区构筑物、开关站、网控楼、变电站及配电所等，其主要作用是将核反应堆产生的蒸汽转化为电能。

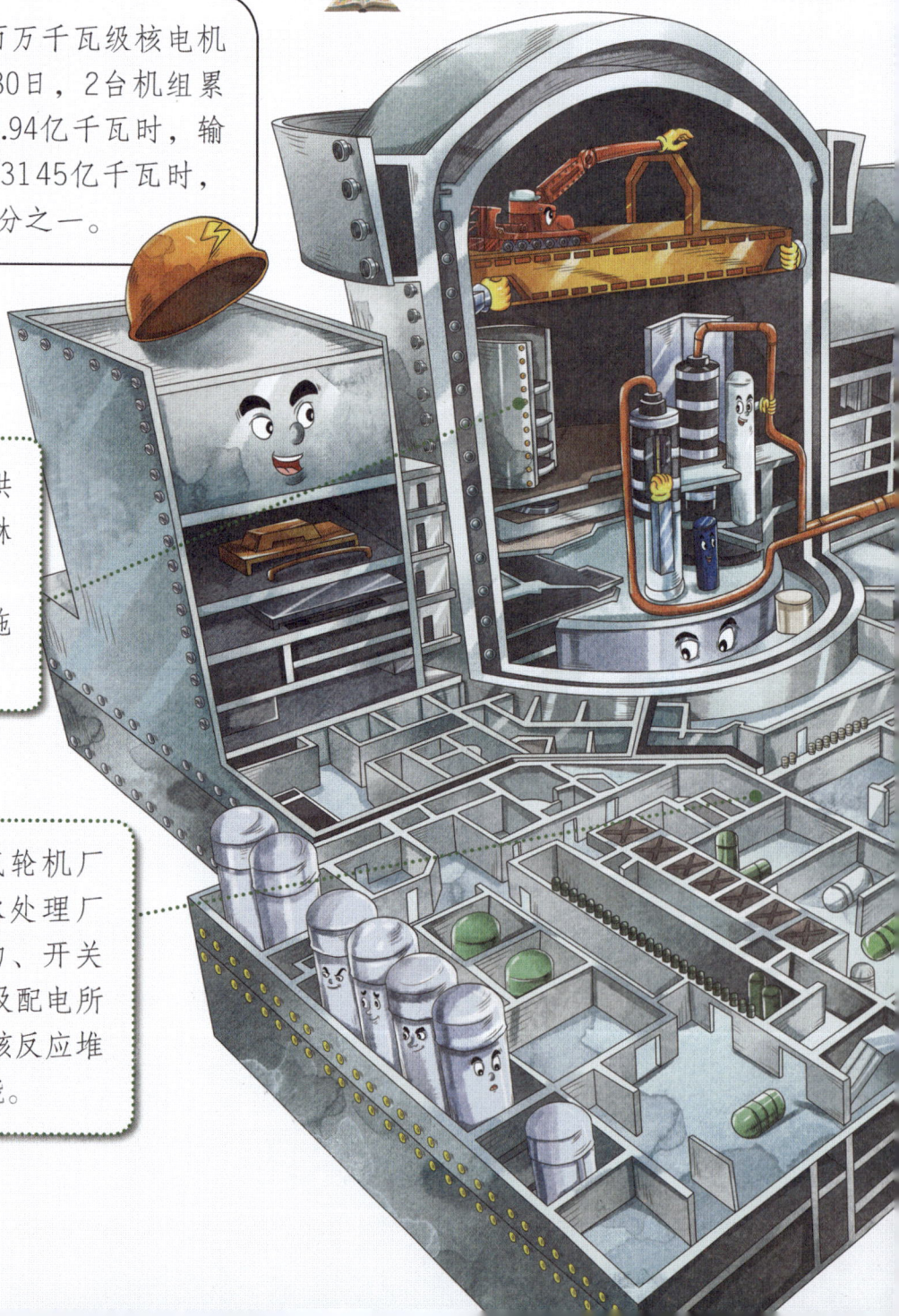

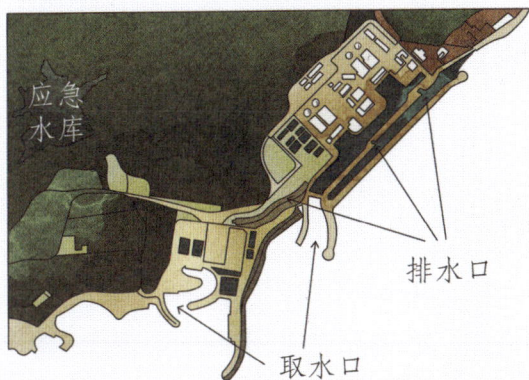

大亚湾核电站海水进排口及应急冷却水库方位图

冷却塔示意图

大亚湾核电站为什么没有冷却塔?

大亚湾核电站没有冷却塔,而是直接利用海水进行开式循环冷却,使冷却水可以直接从海中抽取并用于冷却设备,然后排回大海,无需建造额外的冷却塔。同时,大亚湾核电站还配备了应急冷却水库,以确保在极端情况下也能提供充足的冷却水,保障核电站的安全运行。此外,大亚湾核电站的冷却水排放受到国家环境保护部门和相关监管机构的严格监管。因此,排放到海水中的冷却水除了温度稍高外,其他水质指标与海洋中其他海水无异,不会造成放射性污染。

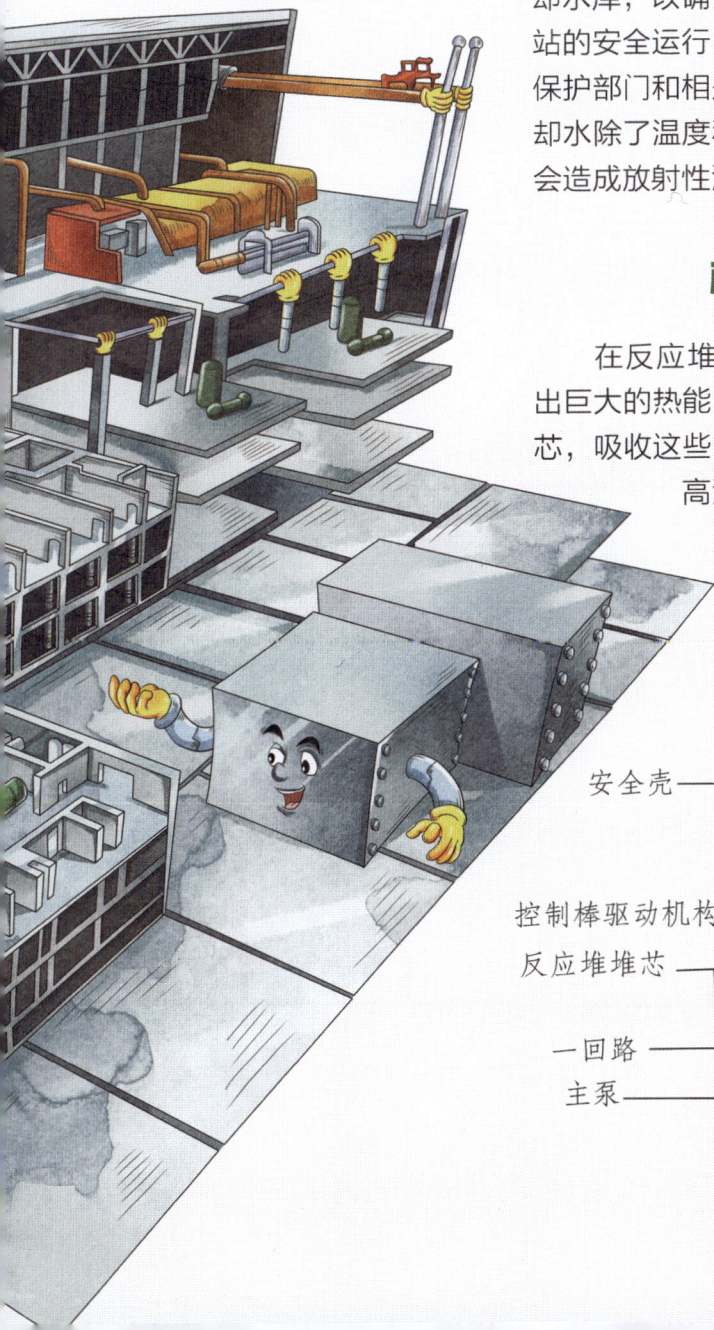

核电站是怎样发电的?

在反应堆堆芯中,核燃料进行可控的链式裂变反应,释放出巨大的热能。一回路中的冷却剂在主泵的驱动下流经反应堆堆芯,吸收这些热能后变成高温高压的水,然后进入蒸汽发生器。

高温高压水将热量传递给二回路的水,使二回路的水产生蒸汽。蒸汽再进入汽轮发电机组,推动汽轮机的叶片旋转,进而带动发电机转动,产生电能。

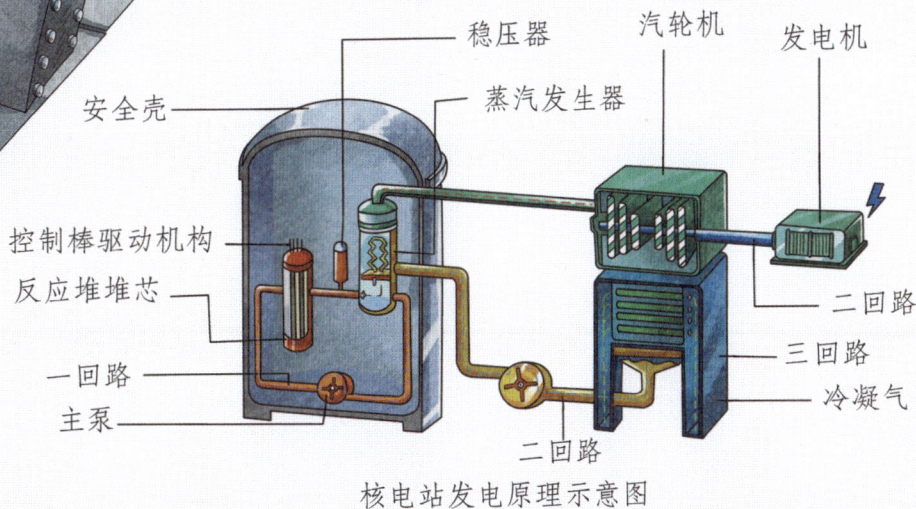

核电站发电原理示意图

71

1996年，京九铁路全线通车

　　京九铁路全称北京至九龙铁路，是中国铁路网中的重要南北干线之一，于1996年9月1日全线通车。它不仅是中国当时仅次于长江三峡水电站的第二大工程，也是中国国内投资最多、一次性建成的最长双线铁路，纵贯华北、华中、华东和华南地区，连接北京与香港特别行政区，对推动区域经济发展、加强南北交流具有深远的意义。

京九铁路起点为北京西站，终点为香港九龙站（港称红磡站），全长2400多千米，途经北京、河北、山东、河南、安徽、湖北、江西、广东等省市以及香港特别行政区。

五指山隧道

五指山隧道：位于广东省和平县境内，是京九铁路穿越九连山东段主峰的关键工程。隧道全长4400多米，是京九铁路全线最长的隧道。

九江长江大桥

九江长江大桥位于江西省九江市与湖北省黄梅县之间的长江上，是京九铁路和福银高速公路的重要过江通道。大桥于1993年1月建成通车，是一座公铁两用桥，上层为公路桥，全长约4460米；下层为铁路桥，全长约7675米。大桥主航道为3孔刚性桁、柔性拱，桁高16米，跨度为180米，中间一孔最大跨度达216米，这在当时的世界同类桥梁中位列前茅。

五指山隧道穿越的地质条件复杂，包括白垩系上统凝灰质和钙质砾岩及燕山期中粗粒黑云母花岗岩等多种岩层，且含有放射性物质和地热构造带，给施工带来了极大的挑战。铁路建设者通过精心设计和科学施工，成功克服了这些困难，并因此获得了中国建筑工程最高奖——鲁班奖。

孙口黄河特大桥

孙口黄河特大桥位于山东省梁山县和河南省台前县交界处的黄河上，是京九铁路的重要组成部分。大桥全长6685米，共148孔，151个墩台，于1995年12月正式通车，是黄河上最长的双线铁路桥，也是中国第一座采用整体节点的钢桁梁桥。

京九铁路上运行着快速列车、特快列车、直达列车等多种类型的列车。这些列车满足了不同旅客的出行需求，提供多样化的服务。自开通运营以来，京九铁路历经多次提速改造，列车的运行速度得到显著提升。2013年，京九铁路完成全线电气化改造，极大增强了运输能力，为沿线地区的经济发展注入了新的活力。

1998年，歼-10战斗机首飞成功

　　歼-10战斗机研制工作始于20世纪80年代，于1998年3月成功首飞。歼-10是中国自主研制的高性能、多用途、全天候的第三代战斗机，其研制成功使中国空军的装备体系更加完备，它与其他战机协同作战，极大地提升了整体作战效能。歼-10战斗机发展出了多个机型，主要包括歼-10A、歼-10B、歼-10C等。

歼-10战斗机原型机机长14.57米，翼展8.78米，机高5.3米，作战半径1100～1250千米，最大航程2500～3200千米，空重9.5吨，最大起飞重量19吨。

武器系统：原型机有11个外挂点，最大载弹量7吨，可挂载霹雳-8B、霹雳-10、霹雳-12等空空导弹、KD-88空地导弹、鹰击-91反辐射导弹、LS-500J激光制导炸弹等。

鸭翼：位于机身前部，与主翼构成鸭式布局，有助于在战斗机高速飞行时为其提供额外的升力和机动性。

主翼：采用三角翼设计，使飞机在高速飞行时空气阻力较小，能够轻松突破声速并保持良好的超声速飞行性能。

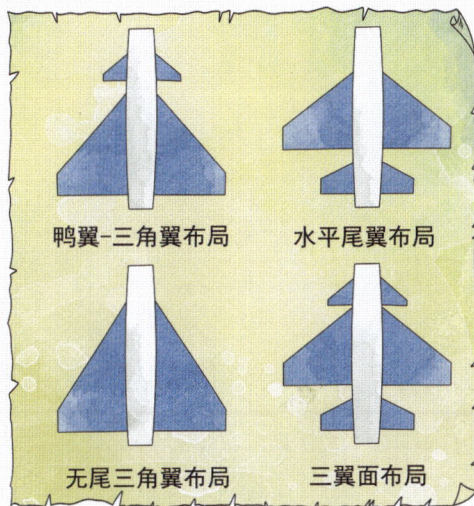

战斗机的布局

1.鸭翼-三角翼布局：鸭式布局，将水平尾翼（鸭翼）移至主翼前的机头两侧，因其外形酷似鸭子而得名。中国的歼-10、歼-20，瑞典的JAS-39"鹰狮"，法国的"阵风"等采用此布局。

2.水平尾翼布局：常规布局，是最常见的飞机布局形式，水平尾翼位于机翼之后，垂直尾翼位于机身后部。中国的歼-8、美国的F-15与F-22，以及俄罗斯的米格-29、苏-57、苏-27等采用此布局。

3.无尾三角翼布局：没有水平尾翼，机翼为三角形。法国"幻影"2000采用此布局。

4.三翼面布局：在常规布局基础上增加了前翼，形成三个翼面，即前翼、机翼、平尾。中国的歼-15，俄罗斯的苏-33、苏-35、苏-37，美国的F-15S/MTD、F-15Active等采用此布局。

鸭翼-三角翼布局　　水平尾翼布局

无尾三角翼布局　　三翼面布局

战斗机不同布局结构示意图

歼-10C

歼-10C是中国自主研发的一款先进的新型超声速多用途战斗机，是歼-10系列中最先进的型号之一。该机型装备了有源相控阵雷达和最新一代的航电武器系统，其空重约9.75吨，最大起飞重量可达约19.2吨，共有11个武器外挂点，具备对空、对地、对海的精确打击能力。

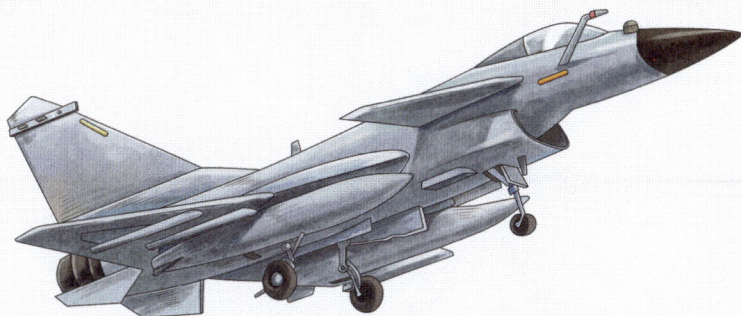

1999年，JC型聚焦超声肿瘤治疗系统诞生

　　1999年，中国自主研发的大型医疗设备——JC型聚焦超声肿瘤治疗系统（俗称"海扶刀"）横空出世，并应用于临床。这台设备是中国首台具有完全自主知识产权的，也是世界首台体外聚焦超声肿瘤治疗系统。这一里程碑式的成就，标志着中国在高端医疗设备研发领域取得了重大突破，也为世界肿瘤患者带来了无创、高效的治疗新选择。

JC型聚焦超声肿瘤治疗系统（JC-A型）于1999年6月开始投入临床。至2004年8月，它成功为574例良性及恶性实体肿瘤患者进行了保器官治疗。其治疗范围涵盖了四肢、躯干的骨和软组织肿瘤、乳腺肿瘤、肝脏肿瘤、子宫肌瘤等多种实体肿瘤。2016年6月，该治疗系统正式退役。

聚焦超声消融手术

JC型聚焦超声肿瘤治疗系统用于进行聚焦超声消融手术。在手术时，换能器将电能转换为机械能，产生超声波。超声波具有很大的能量，一旦聚集在肿瘤的位置，就会使那里的温度变得异常高，从而"热死"肿瘤。这就像太阳光经放大镜聚焦到纸片上，燃烧纸片一样。正常皮肤和组织并不在超声波的"焦点"上，因此不会受伤，这种手术方式有效避免了传统手术给患者带来的创伤和并发症。

聚焦超声消融手术原理图

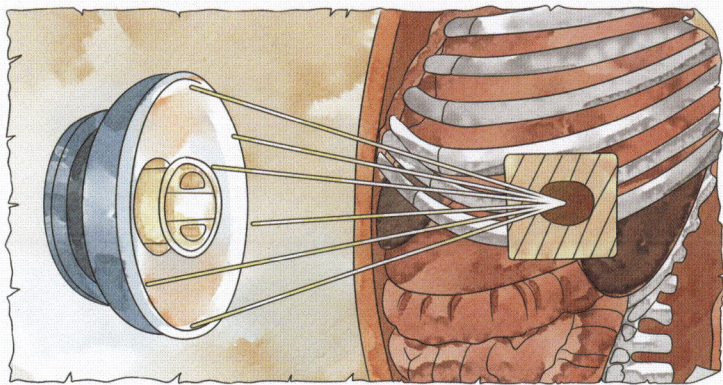

治疗头：又称刀头，负责产生并聚焦超声波能量，并将其精确地聚焦在肿瘤靶区，形成高强度聚焦超声波束，从而实现对肿瘤组织的消融。

操作控制台：配备计算机、显示屏、键盘和鼠标等设备，用于设置治疗参数、监控治疗过程并记录治疗数据。

六维扫描定位示意图

六维扫描定位系统

JC型聚焦超声肿瘤治疗系统内部安装了六维扫描定位系统，在治疗时，它就像是一个超级精准的导航仪，从多方向发射超声波，并根据超声波的反射接收和分析这些反射信号，构建出肿瘤的三维图像，并在六个维度（包括前后、左右、上下、俯仰、翻滚和偏航）上精确地定位肿瘤的位置，即使是特殊位置的肿瘤也能精确到毫米级别。然后，医生会根据肿瘤的位置对其进行精准消融。

治疗床：可根据治疗需要调整高度和角度，确保患者在治疗过程中保持正确的体位。

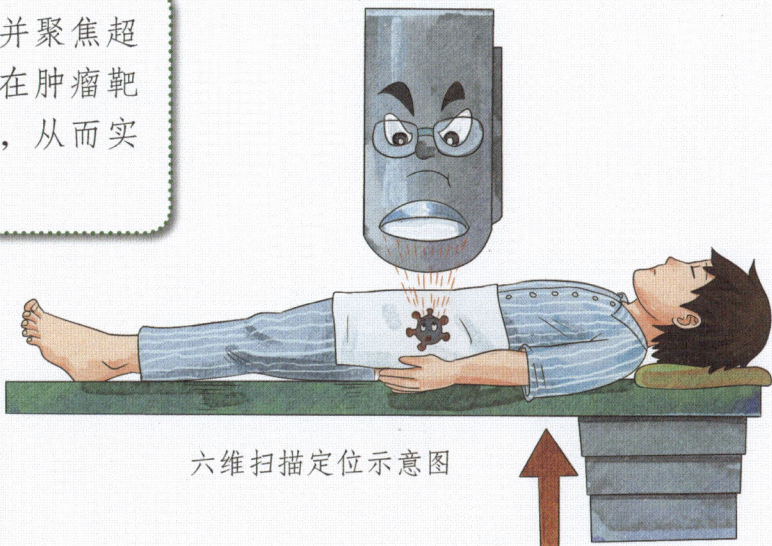

跨入新千年

进入21世纪的新千年，中国正以更加昂扬的姿态走在时代的前沿，书写着属于自己的历史新篇章。

　　在遥远的北极冰原，中国北极黄河站巍然矗立，它不仅是科研探索的灯塔，更是中国极地事业发展的见证者，彰显着中华民族探索未知、勇于开拓的精神风貌；在繁华的东部沿海，京沪高速铁路如银色巨龙穿梭其间，将南北两大经济重镇紧密相连，演绎着中国速度与效率的传奇；蓝天之下，歼-15舰载机翱翔于浩瀚碧波之上，它不仅是海军航空兵力量的象征，更是中国国防现代化进程中的重要里程碑，守护着国家的蓝天与海洋；"空中造楼机"的创新应用，则在另一块天地展现着中国建造的奇迹，它以科技为笔，绘就了城市天际线的新高度……

　　新千年的中国，正以这些辉煌成就为基石，不断攀登新的高峰，向着中华民族伟大复兴的中国梦稳步前行。

2003年，"神舟五号"载人飞船升空

2003年10月15日，"神舟五号"载人飞船在酒泉卫星发射中心发射升空，搭载着中国第一位航天员杨利伟开启了在轨飞行21小时23分的太空之旅。这是中国首次进行载人航天飞行，标志着中国成为世界上第三个能够独立开展载人航天活动的国家。

返回舱：外形呈钟形，通高2.5米，直径2.5米，是整个飞船唯一返回地面的部分。返回舱内部装有航天员座椅、飞行控制系统、降落伞系统等关键设备，确保返回过程的平稳与安全。

轨道舱：呈圆柱形，长约2.8米，直径约2.25米，是航天员在太空中生活和工作的主要场所之一，内部配备了多种实验设备、生命保障系统以及通信设备等。

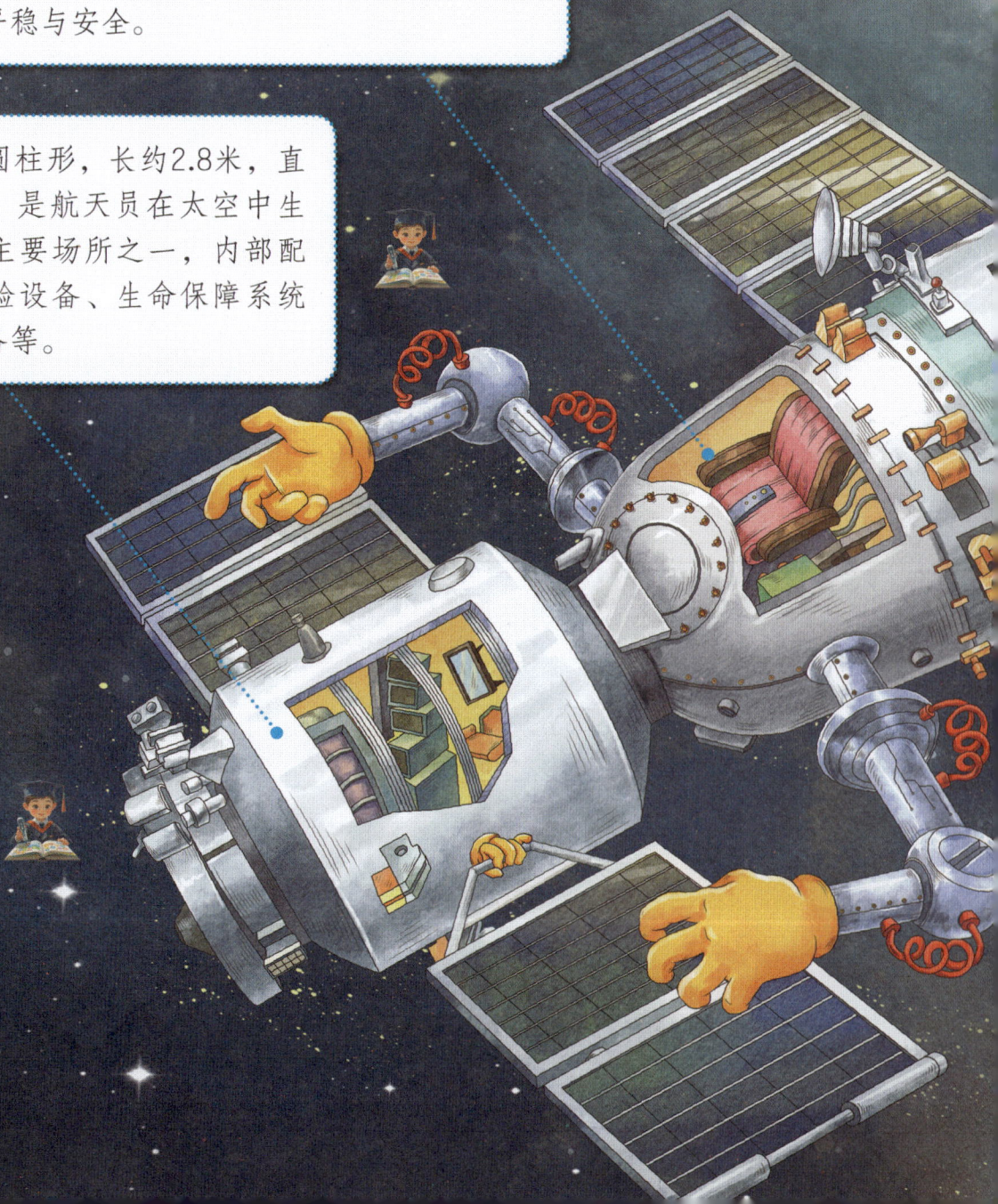

变轨

船箭分离

二级主发动机主令关机

整流罩分离
583.602秒

一二级分离
461.602秒

一级主令关机
200.393秒

助推器分离
159.393秒

158.893秒

助推器主
令关机
136.627秒

抛逃
逸塔
136.127秒

120.00秒

起飞
0.0秒

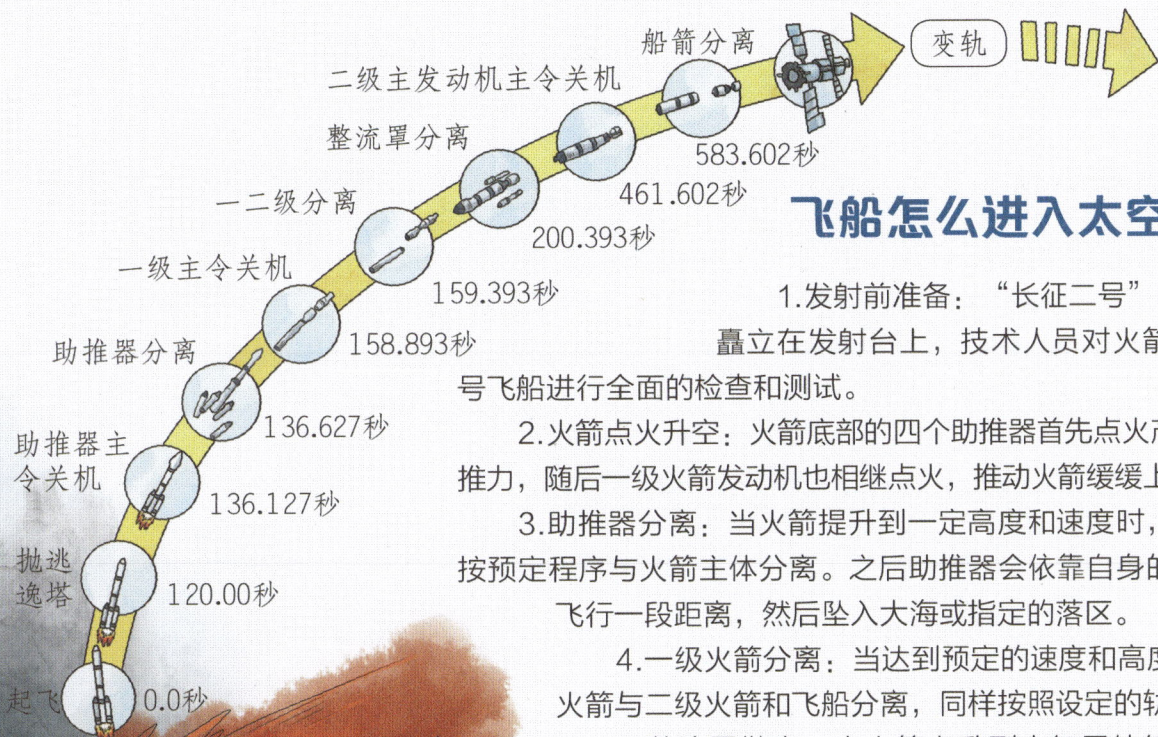

飞船怎么进入太空?

1.发射前准备:"长征二号"F运载火箭矗立在发射台上,技术人员对火箭和神舟五号飞船进行全面的检查和测试。

2.火箭点火升空:火箭底部的四个助推器首先点火产生巨大的推力,随后一级火箭发动机也相继点火,推动火箭缓缓上升。

3.助推器分离:当火箭提升到一定高度和速度时,助推器会按预定程序与火箭主体分离。之后助推器会依靠自身的惯性继续飞行一段距离,然后坠入大海或指定的落区。

4.一级火箭分离:当达到预定的速度和高度时,一级火箭与二级火箭和飞船分离,同样按照设定的轨迹坠落。

5.整流罩抛离:当火箭上升到大气层外的一定高度时,整流罩已不再需要,于是按照指令被抛离,露出了里面的"神舟五号"飞船。

推进舱:位于飞船的后部,形状近似圆柱形,长约3.05米,直径约2.5米,为飞船在轨道运行和姿态调整等方面提供动力支持。其两侧安装有太阳能电池板,为飞船提供电力能源。

"长征二号"F运载火箭

"长征二号"F运载火箭是在"长征"系列运载火箭的基础上自行研制的载人火箭,由四个助推器、芯一级火箭、芯二级火箭、整流罩和逃逸塔组成。针对"神舟五号"任务,该火箭首次采用了包括故障检测系统和逃逸系统在内的55项新技术,可靠性大大提高。

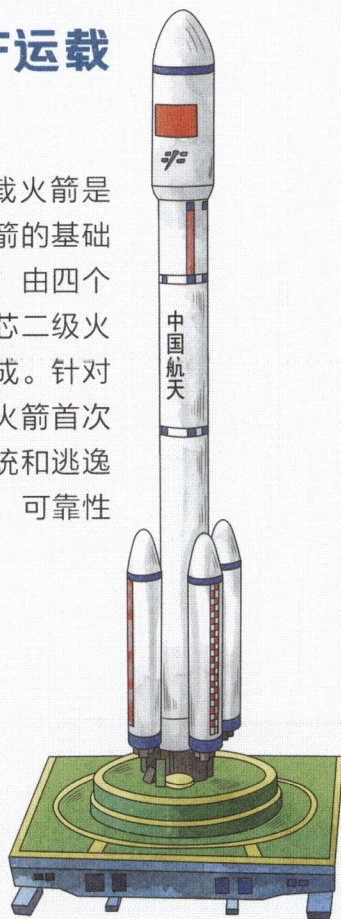

太阳能帆板

中国航天

2004年，中国北极黄河站建成

2004年7月28日，中国首座北极科学考察站——中国北极黄河站正式建成并投入使用。黄河站的建成，让中国在北极科学考察领域迈出了坚实的一步，也为中国科学家探索北极奥秘、研究全球气候变化提供了重要的平台。

中国北极黄河站位于北纬78°55′、东经11°56′的挪威斯匹次卑尔根群岛新奥尔松地区，主体建筑为一栋两层混凝土结构楼房，总面积约500平方米。黄河站建有分析实验室、生态与冰雪环境监测实验室、空间大地测量与大气环境监测实验室、极光观测室、储藏室、屋顶平台和观测小屋等，建筑外还设有观测场地，可供20～25人同时工作和居住。

黄河站主要用于开展高空大气物理观测、地球生态环境演变考察、近岸海洋环境监测、冰川长期监测的可行性调查和大气化学采样等科考任务，进行气象观测站建立、GPS卫星跟踪站建立等科考项目。

黄河站上空的北极光

鸟瞰新奥尔松（局部）

极光观测

中国北极黄河站位于高纬度地区，每年有长达120多天的极夜，是观测极光的最佳地点之一。站内配备了先进的极光观测设备，包括极光成像仪、极光光谱仪等，能够捕捉到极光的精细结构和光谱特征，为科学研究提供有力支持。

为什么选择挪威新奥尔松?

新奥尔松地处挪威斯瓦尔巴群岛的北部，气候条件适合进行长期的科学观测和研究，其典型的苔原气候和海洋性气候特征，以及复杂多变的自然环境，为科研人员提供了丰富的研究素材和实验条件。这里还拥有实验室、观测平台等完善的研究设施。此外，新奥尔松已经集中了挪威、法国等多个国家的野外观测和考察站，中国在此建站，可以更加便利地参与国际合作与交流，共享科研资源和数据资料。

极光光学观测平台：位于主体建筑的顶部，共5间，是观测和研究极光现象的重要设施。

SICATOML

2007年，"和谐号"电力动车组正式开行

  "和谐号"电力动车组是中国在引进国外高速动车组技术的基础上，设计制造并创新升级的动力分散式电力高速动车组，于2007年4月起陆续开行。由于"和谐号"电力动车的速度与生产厂家不同，所以车头的外观设计差异较大。"和谐号"电力动车组标志着中国列车设计和制造能力达到了世界先进水平。

"和谐号"电力动车组的英文代号是CRH，目前有CRH1、CRH2、CRH3、CRH5、CRH6和CRH3806几个系列。

"和谐号"列车在乘客上车前，须经过车辆状态检查、乘务员准备等多环节协同作业，确保列车以最佳状态开行。

工人正在对列车部件进行检修

维护和检修

每天0点到6点通常是高铁的休息时间，在这段时间内，专业人员进行高铁的维护和检修工作，对列车进行各部件的日常检查，定期的全面检修，保养、更换磨损部件等，从而确保高铁为乘客提供舒适、安全的出行环境。

各种各样的"和谐号"

CRH2系列：中国铁路第六次大提速中开行最多的动车组，包括CRH2A、CRH2B、CRH2C等型号的列车。它采用的流线形车身更符合空气动力学原理，是当时中国大功率动车组的主力军。

CRH1系列：2007年，首次行驶在广深铁路上，主要为市域铁路和城际铁路服务，构造速度为每小时200～250千米。CRH1系列包括CRH1A、CRH1B、CRH1E等型号。

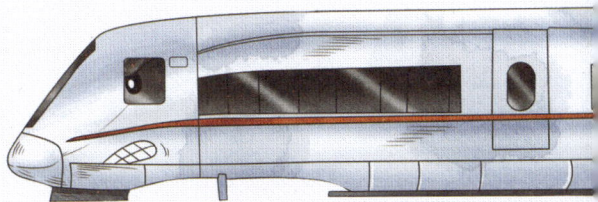

CRH1

CRH3系列：采用大型中空铝材、空心车轴和轻量化构架设计，还安装了高性能空气弹簧减震器，使其运行更加平稳舒适。CRH3系列包括CRH3A、CRH3C、CRH3F等型号。

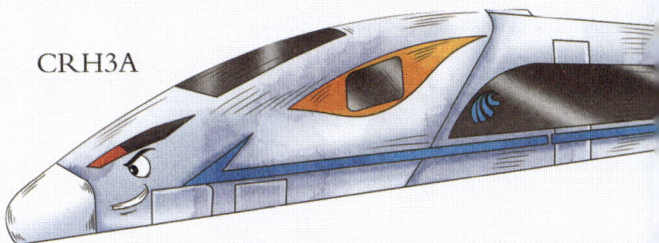

CRH3A

CRH380系列：中国拥有完全自主知识产权的高速列车，包括CRH380A、CRH380B等型号。"复兴号"CR400系列电力动车组就是在该系列基础上研制的。

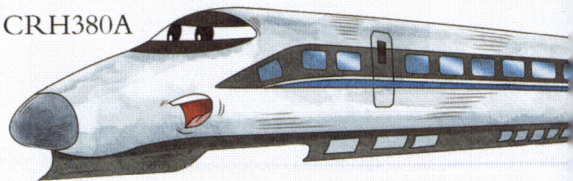

CRH380A

CRH5系列：采用电加热玻璃、车体保温保暖以及底架防雪保护等先进技术，具备出色的耐寒抗冻性能，主要服务中国北方地区的铁路线路。CRH5系列包括CRH5A、CRH5E、CRH5G等型号。

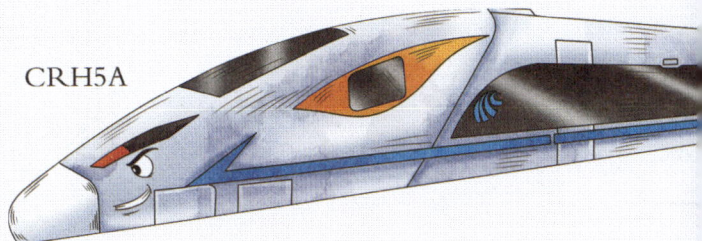

CRH5A

CRH6系列：中国自主研发的城际轨道交通列车，兼具高速列车与轻轨列车的优势，专为城际轨道交通服务。CRH6系列包括CRH6A、CRH6F等型号。

CRH6A

2008年，"中国中铁一号"盾构机成功下线

2008年4月，中国第一台自主研发的复合式土压平衡盾构机——"中国中铁一号"成功下线，正式拉开了国产盾构机产业化的序幕。在隧道工程领域，盾构机被誉为"工程机械之王"，在此之前，中国在盾构机技术方面严重依赖进口，"中国中铁一号"盾构机的诞生，为中国大规模的基础设施建设，尤其是地铁、隧道等地下工程建设提供了强有力的技术支撑。

"中国中铁一号"盾构机直径约6.3米，最大掘进速度为每分钟8厘米。作为一种复合式土压平衡盾构机，"中国中铁一号"盾构机可根据不同"软硬"地质条件自动调节掘进参数，保持开挖面的稳定，减少地层扰动，提高施工效率。

盾体：在掘进过程中用于保护隧道开挖面的主要结构。盾体随着盾构机的推进而逐渐向前移动，同时利用背后的管片等衬砌结构来加固隧道。

什么是盾构机？

盾构机是一种集机械、液压、电气、控制等多学科技术于一体的隧道施工设备，主要用于铁路、公路、地铁等基建工程的隧道开挖，具有掘进速度快、施工精度高、对地面环境影响小等优点。2009年2月6日，"中国中铁一号"盾构机在天津地铁3号线营口道站作业，顺利进行了1009.8米长度的工业性试验，穿越了张学良故居、"瓷房子"等多处历史风貌建筑，并于2015年年底圆满完成天津地铁所有的掘进任务。

"中国中铁一号"盾构机在掘进作业

刀盘：位于盾构机的最前端，由多个刀具组成，通过旋转切削土体，为盾构机开辟前进的通道。不同类型的刀具适用于不同的地质条件，如软土、硬岩等。

土压平衡盾构机的工作原理

刀盘旋转切削开挖面的泥土，之后破碎的泥土通过刀盘开口进入土仓。土仓内的泥土经螺旋输送机运送至皮带输送机，再输送到渣车上。土仓内泥土产生的土压作用于开挖面，使其保持稳定。同时，盾壳对挖掘出的隧道起临时支护作用，承受周围地层的土压和地下水压。最终，管片拼装机将预制管片拼装成隧道衬砌，确保盾构机施工的连续性和隧道结构的稳定性。整个过程实现了土压平衡，确保施工安全高效。

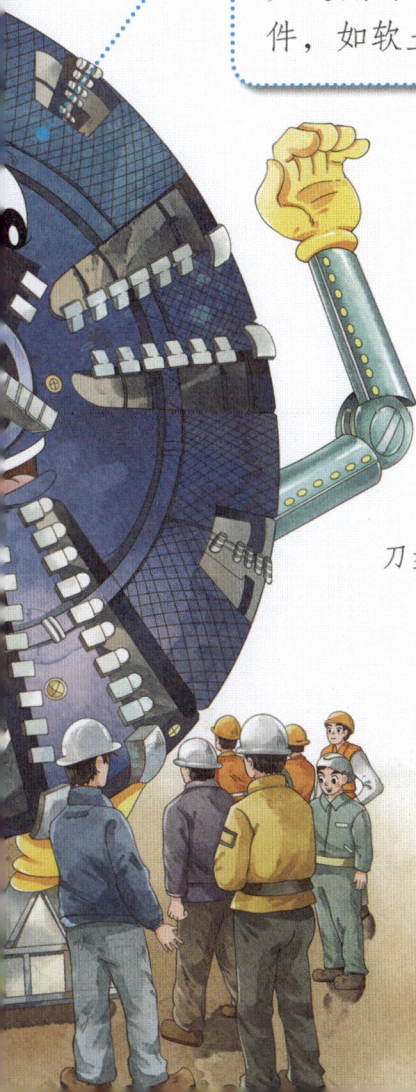

土压平衡盾构机的工作原理图

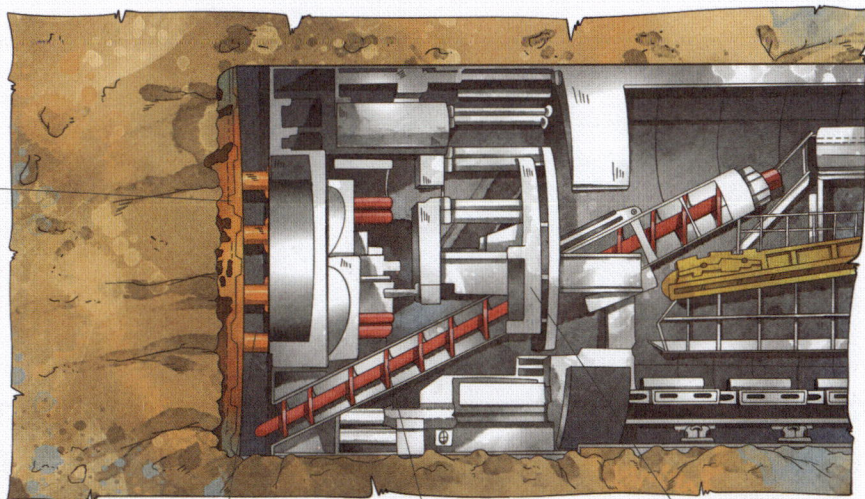

刀盘　　　　　　土仓　　　螺旋输送机　　　管片拼装机

2008年，北京奥运会举办

　　2008年8月8日晚，第29届夏季奥林匹克运动会开幕式在国家体育场盛大举行。在16天的赛事中，来自204个国家和地区的1万多名中外运动员参与了28个大项、38个分项的比赛，产生302枚金牌。北京奥运会的成功举办，不仅向世界展示了中国深厚的文化底蕴和蓬勃的发展活力，还通过大量先进科技的应用，让世界看到了中国在科技领域的卓越成就。

　　北京奥运会的主体育场设在国家体育场。国家体育场俗称"鸟巢"，整体采用巨型空间马鞍形钢桁架编织结构，外形呈不规则的椭圆形，长轴为332.3米，短轴为296.4米，最高点高度为68.5米。其最大跨度达343米，是世界上跨度最大的钢结构建筑之一。

　　钢结构：总用钢量达4.2万吨。其中主结构钢材用量约2.3万吨，由24根桁架柱支撑，主桁架以屋盖中央环形开口为中心，呈辐射状分布，形成独特的空间编织结构，兼具稳定性和美观性。

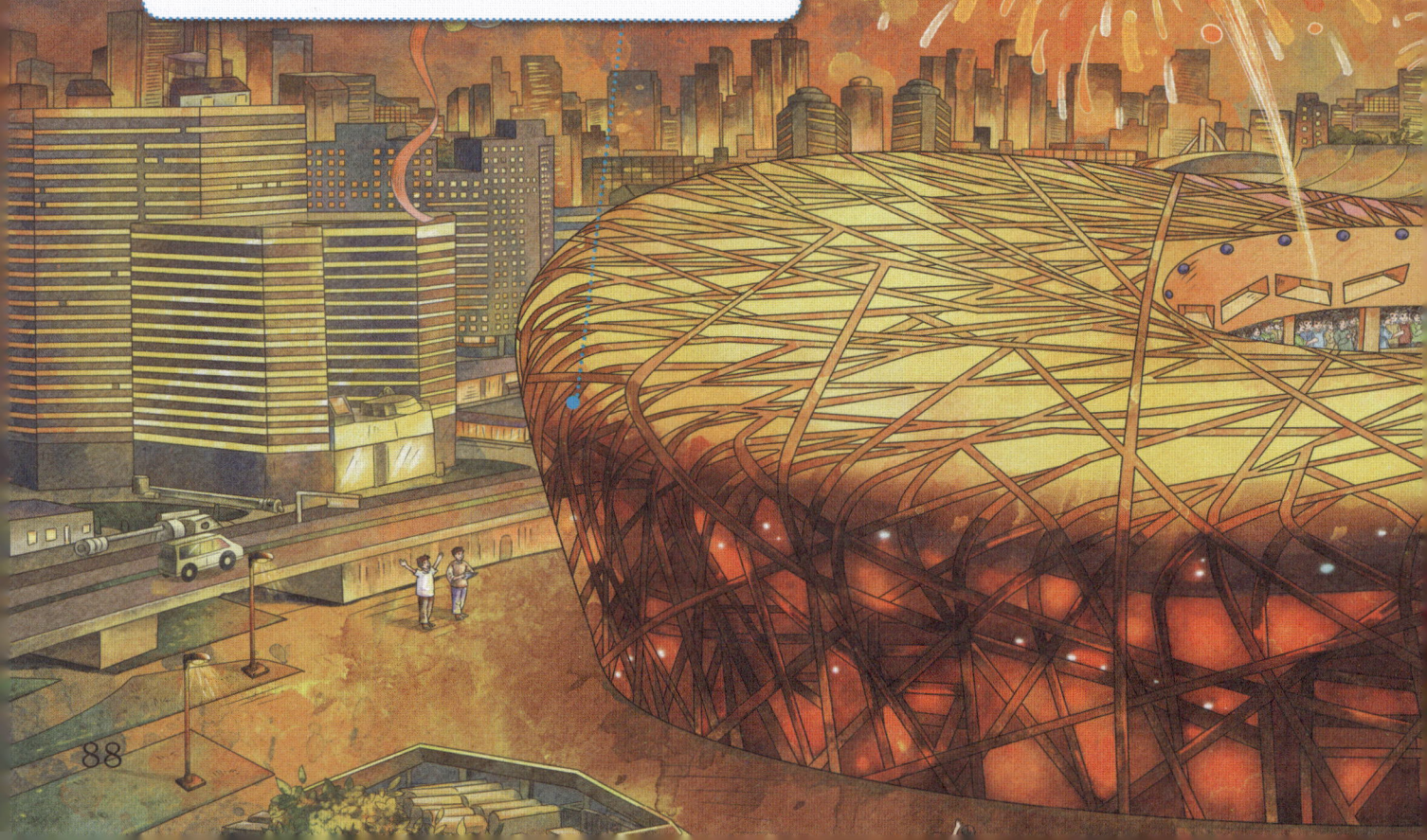

开幕式点火仪式

北京奥运会开幕式点火仪式堪称奥运史上的经典之作。作为最后一棒火炬手，李宁借助威亚技术沿"空中跑道"凌空奔跑并完成主火炬点燃。这种点火仪式依托高精度机械控制系统，既保障了火炬手的空间稳定性，又实现了毫米级轨迹控制。从悬浮点火到清洁燃烧，这些科技创新不仅为全世界观众奉献了极具东方美学的视觉盛宴，更生动诠释了北京奥运会"科技奥运"的核心内涵。

水立方

可开启式屋顶：由外层的PTFE（聚四氟乙烯）膜和内层的ETFE（乙烯–四氟乙烯共聚物）膜组成。外层PTFE膜具有优秀的防水、自洁和抗紫外线性能；内层ETFE膜则起到良好的保温隔热作用。屋顶开启部分面积约2.2万平方米，采用平移式开启方式，整个开启过程仅需7分钟左右。

国家游泳中心也被称为"水立方"，其设计灵感来源于"泡沫"理论，整体建筑采用独特的多面体空间钢架结构，外墙由3000多个不规则的ETFE（乙烯–四氟乙烯共聚物）充气膜气枕组成，覆盖面积达10万平方米，整体呈现出晶莹剔透的视觉效果。"水立方"的屋顶能够100%收集雨水并循环利用，同时通过自然采光和太阳能利用等技术，大幅降低了能耗。北京奥运会举办后，它还成功实现了"水冰转换"变身"冰立方"，成为"双奥"场馆，并多次举办国际赛事。

2009年，上海同步辐射光源正式建成

　　上海同步辐射光源（简称SSRF），是中国首台第三代中能同步辐射光源，位于上海市浦东新区张江高科技园区。该设施自2004年12月25日开工建设，于2009年5月6日正式对用户开放。这一设施不仅标志着中国在大科学装置领域的重大进步，也为国内外科学家提供了一个多学科、综合性、多功能的科研平台。

上海同步辐射光源整体外形呈现为一个巨大的圆形装置，犹如一个庞大的"鹦鹉螺"。它主要为科研工作者提供高强度、高亮度、高稳定性的同步辐射光源，提供的"光"可支持生命科学、材料科学、环境科学、信息科学等多学科领域的前沿基础研究和高技术开发应用。

电子储存环：外形如一条巨大的环形赛道，电子在这里以接近光速的速度飞驰。当它们快速转弯时，会释放出非常强烈且特殊的光——同步辐射光。

高能输运线：电子的一条"安全通道"，负责将高能量的电子安全地送到电子储存环。

上海同步辐射光源升级

2024年5月15日，上海光源线站工程通过国家验收。这项工程大幅增加了上海同步辐射光源的光束线和实验站的数量，使其从原有的7条光束线和8座实验站增加到34条光束线和46座实验站，极大地提升了综合实验能力和用户支撑能力。

上海同步辐射光源实验大厅内景

同步辐射光束线实验站：科学家们利用从电子储存环传来的同步辐射光进行研究的实验场所。每个实验室都有不同的用途，有的用来研究材料，有的用来探索生命等。

增强器：将电子的能量从100MeV（百万电子伏特）加速到惊人的3.5GeV（十亿电子伏特），注入电子储存环中。

电子直线加速器：让"赛跑"的电子从一开始就加速得非常快，拥有达到100MeV（百万电子伏特）的能量。

低能输运线：电子的另一条"安全通道"，确保电子能够平稳、安全地到达增强器。

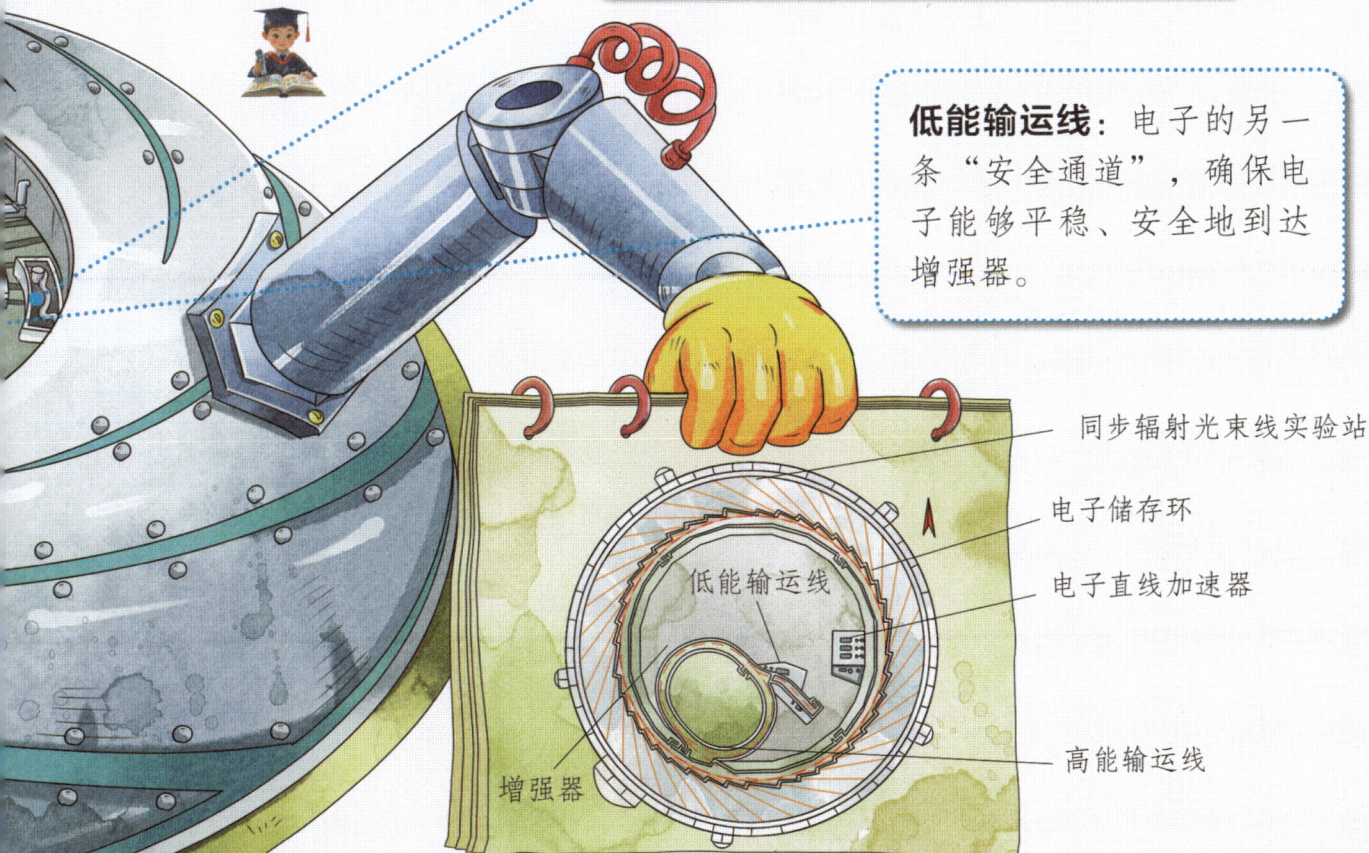

同步辐射光束线实验站
电子储存环
电子直线加速器
低能输运线
高能输运线
增强器

上海同步辐射光源结构图

2009年，云广直流输电工程实现投产

云广直流输电工程全称云南—广州±800千伏特高压直流输电工程，它是南方电网西电东送的重要工程之一。该工程于2009年6月30日成功实现单极投产，2010年6月18日全面竣工并实现双极投产。这一工程不仅是中国第一个，也是世界第一个±800千伏特高压直流输电工程，标志着中国电力技术和装备制造达到了国际先进水平。

云广直流输电工程起于云南省楚雄彝族自治州禄丰市，途经云南、广西、广东3个省区，落点为广东省广州市增城区，线路跨越了众多复杂地形，包括高山峻岭、江河湖泊等，全长约1373千米。它主要由两端换流站、直流输电线路以及相关的控制保护系统等组成，其中换流站包括占地约20万平方米的云南楚雄换流站和占地约18万平方米的广东穗东换流站。

±800千伏特高压直流输电技术是一种先进的电力传输方式，具有高电压等级、大容量输送的特点，能实现远距离、高效的电力传输。该技术核心设备包括换流阀、换流变压器、直流滤波器等，其复杂的控制保护系统能确保系统安全稳定运行。

"西电东送"工程

2000年11月8日，"西电东送"工程正式启动，它的目的是将西部地区的电力资源输送到电力需求较大的东部地区，以解决中国能源资源与电力负荷不均衡分布的问题。云广直流输电工程正是实施这一战略的重要项目之一，它通过特高压直流输电技术，将云南省的丰富水电资源输送到广东省等经济发达地区。

云南楚雄换流站

换流站是实现交流电和直流电相互转换的关键设施，云南楚雄换流站是云广直流工程的送端换流站。它将云南省丰富的水电等电力资源转换为直流电能后向广东省输送。站内配备了先进的换流设备和控制保护系统，以确保电力的稳定转换和可靠传输，拥有多组大容量换流变压器、高端换流阀等关键设备。

云广直流输电工程额定输送功率500万千瓦，每年可向广东省输送电量约260亿千瓦时。

云南楚雄换流站直流场设备

2009年，3.6万吨垂直挤压机热试车成功

2009年7月13日，中国首台3.6万吨垂直挤压机热试车一次成功，它产生的3.6万吨的压力使金属坯料在垂直方向上被强力挤压，生产出了第一根合格的厚壁无缝钢管。此前，中国高端大口径厚壁无缝钢管主要依赖进口，这台机器的出现，为中国石油、电力、化工等行业的重大工程建设提供了关键的材料支撑。

模具：安装在挤压筒的出口处，决定被挤压金属的形状和尺寸。

立柱：挤压机的主要承载部件，两边间隔4米。

主挤压筒

垂直挤压机是如何挤压管道的?

首先,将加热后的金属坯料放置在挤压筒内,通过挤压轴施加巨大的垂直压力。然后,挤压芯轴与挤压模共同作用,使得金属坯料在高压下通过挤压模的孔洞,形成所需的钢管形状。挤压垫和玻璃垫位于挤压筒底部,用于支撑坯料并控制挤压过程中金属的流动,确保钢管的成型质量。最后,挤压完成后,钢管从挤压模中被推出。

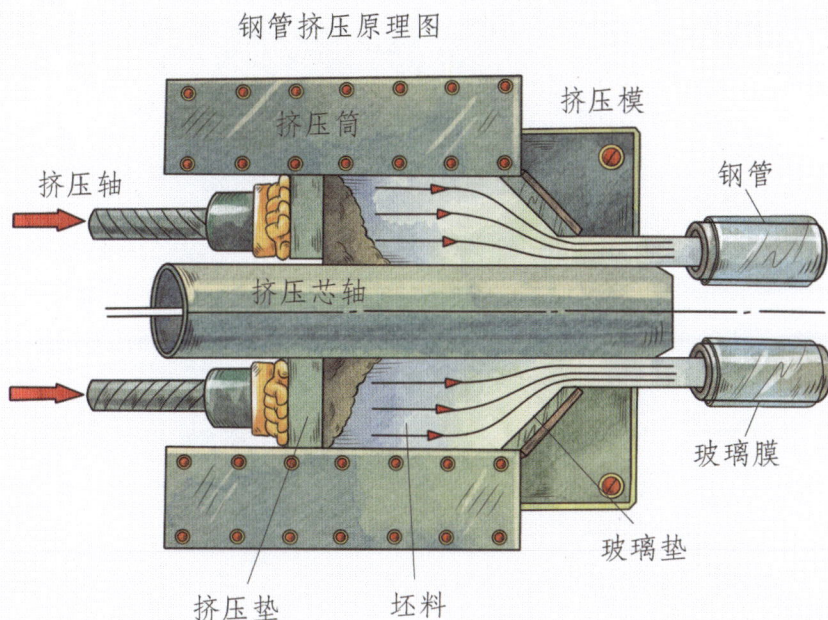

钢管挤压原理图

挤压轴　挤压筒　挤压模　钢管　玻璃膜　玻璃垫　坯料　挤压垫　挤压芯轴

主挤压筒:位于整个挤压机的中心位置,容纳被挤压的金属坯料,并在高压下通过模具将其挤成所需的形状。

平台与基座:位于挤压机的底部,支撑整个机器的重量。

北方重工

世界首台5万吨垂直挤压机

2012年6月29日,中国自主研发制造的世界首台5万吨热垂直挤压机成功热试车。这台机器高30米,地上部分高15米,是挤压机的挤压系统;地下部分高15米,由分布密集的高低压管道井组成,是挤压机的动力系统。该机组加工产品规格范围广,效率高,质量好,适用于高强度、特种材质产品的挤压,不仅可用于挤压大型无缝管材,还可挤压棒材、异型材等大型耐高温高压的高端挤压件产品。

5万吨热垂直挤压机结构示意图

2011年，京沪高速铁路建成通车

　　京沪高速铁路于2008年4月18日全线正式开工，2011年6月30日建成通车。这是一条连接北京市与上海市的交通大动脉，是当时世界上一次建成线路里程最长、标准最高的高速铁路。它的建成不仅极大地缩短了北京市与上海市之间的时空距离，更促进了沿线地区的经济繁荣与文化交流，成为中国现代化进程中一道亮丽的风景线。

京沪高速铁路全长1318千米，设计最高时速达380千米。该铁路纵贯北京、天津、河北、山东、安徽、江苏、上海7省、市，连接京津冀地区和长江三角洲两大经济区，途经海河、黄河、淮河、长江四大水系，是贯通东北、华北、华东的高速铁路大动脉。其线路走向与既有京沪铁路大体平行，较既有线路缩短145千米。

"复兴号"动车组列车：中国自主研发、具有完全知识产权的新一代高速动车组，以稳定高速、安全舒适、智能化等特点著称，设计时速可达350千米。2017年6月26日，"复兴号"动车组列车在京沪高速铁路两端的北京南站和上海虹桥站双向首发。

世界高速铁路技术博物馆

京沪高速铁路的技术难度和复杂性堪称"世界高速铁路技术博物馆",主要是因为它在建设和运营过程中融合了众多先进技术,面临着极高的技术难度和复杂性。以轨道为例,京沪高速铁路使用了特殊的轨道板,这种轨道板的铺设精度要求极高,每一块轨道板的平整度误差须控制在毫米级以内,从而提高了列车运行的平稳性和安全性,减少了轨道的维护成本。

施工人员在安装铁路

高架桥:京沪高速铁路大量采用高架桥的形式,桥梁有288座,总长约1060千米,约占全线的80%。

丹昆特大桥

丹昆特大桥是京沪高速铁路的关键控制性工程之一,位于京沪高铁江苏段。它起自江苏省丹阳市,自西向东依次途经常州市、无锡市、苏州市,最终抵达昆山市,全长160多千米,是目前世界上最长的桥梁。该桥采用多种桥梁类型和结构形式,共设139处特殊结构,包括连续梁拱、系杆拱、道岔连续梁等;桥墩采用矩形双柱墩、空心墩、双线单圆柱形桥墩等多种形式。此外,它还通过"以桥代路"的形式,跨越众多河道、道路和城市区域。

2012年，"海洋石油981"钻井平台正式开钻

　　"海洋石油981"是中国第一座自主设计、建造的第六代深水半潜式钻井平台，2008年4月开工建造，2012年5月在南海海域正式开钻。"海洋石油981"钻井平台的建成标志着中国在世界海洋工程装备领域的自主研发能力和国际竞争力上均有显著提升。

"海洋石油981"的最大作业水深为3000米，最大钻井深度为10000米，其稳性和强度按照南海恶劣海况设计，能抵御200年一遇的超强台风。

生活楼：为平台上的工作人员提供了舒适的生活和工作环境。

塔吊：能够满足平台上的各种吊装作业需求。

中国海油　中船集团　携手迎接低碳经济时代　共同推进深海发展战略

立柱：共有4个，为高强度钢结构，能够承受巨大的波浪力和平台的重量。

工作人员在"海洋石油981"中控室内操作设备

"海洋石油981"中控室

"海洋石油981"的中控室作为平台的神经中枢，高度集成各类先进设备与智能系统，实时监控钻井深度、海况、设备状态等关键参数，通过动力定位系统和钻井控制系统的精准操作，确保平台在波涛中稳定作业。

钻塔：进行钻井作业的核心设施，高耸于平台之上，能够支持各种钻井设备的安装和作业。

先进的本质安全型水下防喷器系统

"海洋石油981"首次采用先进的本质安全型水下防喷器系统，在电、液信号丢失等紧急情况下，依靠水下储能器控制，可自动关闭井口，有效防止井喷事故的发生。

上层甲板：平台的工作区域，布置着各种钻井设备、生活设施和控制室等。长114米，宽89米，面积比一个标准足球场还要大。高度可达137米，相当于45层楼高。自重3万多吨，承重量达12.5万吨。

浮箱：位于平台下方，类似船形结构，主要由高强度钢材制成，内部可根据需要进行压载水调节，以控制平台的吃水深度和重心位置。浮箱增加了平台的浮力，使其能够在水面上保持一定的稳定性。

钻井工人在安装水下防喷器控制电缆卡子

99

2012年，WK-75矿用挖掘机正式下线

2012年6月5日，中国自主研发设计制造的WK-75矿用挖掘机正式下线，并成功交付使用。它是世界上首台规格最大、技术性能最先进、生产能力最高的矿用电铲式挖掘机。WK-75矿用挖掘机的诞生，意味着中国大型矿用设备长期依赖进口的历史的结束，实现了自主创新和自给自足。

斗杆：连接铲斗和起重臂的装置。

WK-75矿用挖掘机高约23.5米，相当于8层楼高，具有超强的作业能力，每小时采矿能力可达12000吨。可用于2000万吨级以上大型露天煤矿、铁矿及有色金属矿山的剥离和采装作业。

起重臂：支撑斗杆和铲斗，实现挖掘动作的伸展和提升。

铲斗：容量高达75立方米，一斗就可以挖掘重达135吨的物料。

WK-75矿用挖掘机铲斗工作示意图

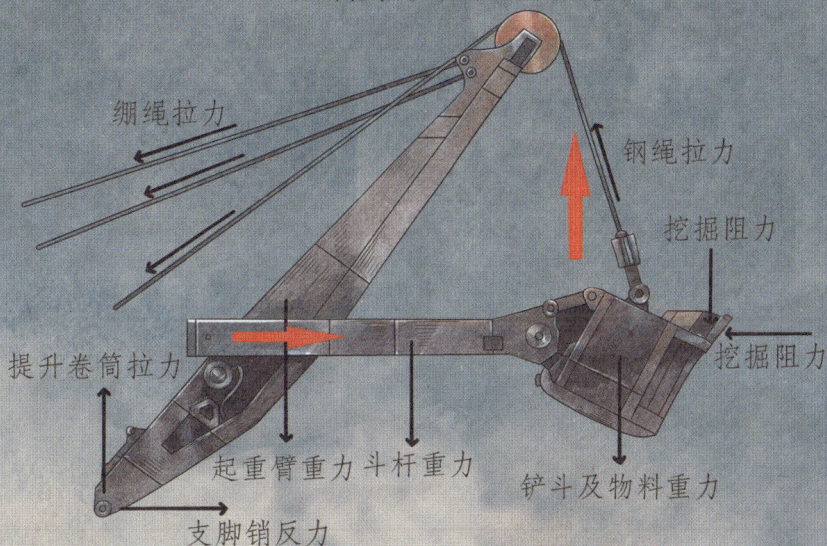

WK-75矿用挖掘机是如何挖掘的?

首先,挖掘机启动后,动力系统驱动提升卷筒转动,通过钢绳产生拉力,控制铲斗的提升动作,将铲斗提升到一定高度。接着,在推压式传动方式下,齿轮转动带动齿条向前推压,使铲斗有力地切入物料中。此时,铲斗开始挖掘作业。在挖掘过程中,绷绳拉力确保起重臂等结构的稳定,支脚销反力保证整个挖掘机的平稳。当铲斗装满物料后,提升卷筒再次转动,通过钢绳拉力将铲斗提升起来,然后将物料运输到指定地点进行卸载。卸载完成后,重复上述过程,进行新一轮的挖掘作业。

绷绳拉力
钢绳拉力
挖掘阻力
提升卷筒拉力
挖掘阻力
起重臂重力 斗杆重力
铲斗及物料重力
支脚销反力

回转平台:连接上车部分和下车部分,实现挖掘机上部车身的360°回转。

超强的铲斗

作为WK-75矿用挖掘机的核心组件之一,铲斗采用高强度耐磨材料精心打造,确保在恶劣的挖掘环境下也能承受巨大冲击与磨损,展现出非凡的耐用性和作业效率。铲斗能在大型煤矿、铁矿及有色金属矿山等露天矿场中高效挖掘物料。此外,它还可以与自移式破碎站等配套设备联合使用,实现矿石的破碎、传输等工艺流程的自动化和连续化。

WK-75矿用挖掘机的铲斗

行走装置:通常采用履带式设计,具有良好的耐磨性和适应性。

2012年，歼-15舰载机首次成功起降

2012年11月23日，中国第一代舰载机歼-15在"辽宁舰"上实现首次成功起降。歼-15是中国第一代远程、重型、超声速、高机动性固定翼舰载多用途战斗机，它的出现填补了中国在舰载战斗机领域的空白，对于维护国家海洋权益、保障国家安全具有不可估量的价值。

歼-15舰载机的中文绰号是"飞鲨"，北约代号为"侧卫D型"，机长约22米，翼展约15米（折叠后7.4米），机高约5.9米。

机翼：具有复杂的折叠机构和优化的气动布局，分布有多个武器挂点。

歼-15的作战能力

歼-15具备多种作战能力，能够用于编队防空，有力地夺取海上局部制空权，可以对敌方海上大中型水面舰船进行突击，还能攻击敌方海军基地、港口以及陆上浅纵深的重要目标，并且能够实施战术侦察。其主要作战使命在于在航空母舰编队的统一指挥引导下，开展空中攻防作战，进而夺取局部海域的制空权与制海权。此外，它还能根据不同作战任务携带精确打击武器，具备全海域、全空域打击能力。

发动机：配有两台，属于大功率涡扇系列，为飞机提供强大的动力。

歼-15具备出色的作战能力

会折叠的机翼

歼-15的机翼折叠系统是其作为舰载机的关键技术之一。折叠机构复杂而精密，由多个活动部件组成，包括铰链、锁扣、液压驱动装置等。这些部件协同工作，确保机翼在折叠和展开过程中平稳、可靠。飞行员可以通过驾驶舱内的控制按钮或自动控制系统，轻松地控制机翼的折叠状态。歼-15的机翼折叠系统大大减少了飞机在停放时占用的空间，提高了航空母舰的载机数量和作战效能。

机身：采用钛合金和复合材料等先进材料制造，具有高强度、轻量化的特点，能够承受舰载机在航空母舰上起降时的巨大冲击力和高过载。

歼-15的折叠机翼

103

2013年，运-20大型运输机成功首飞

2013年1月26日，运-20（代号：鲲鹏）在位于陕西省的航空城阎良成功首飞。运-20是中国自主研发的大型运输机，可在复杂气象条件下执行长距离空中运输任务。2016年7月6日，运-20以灰色涂装亮相，正式列装空军航空兵部队，它的正式服役标志着中国人民空军战略投送能力迈出了关键性的一步。

运-20机身长47米，翼展45米，高15米，可载重66吨货物，具有航程远、载重大、速度快等特点。

两人制飞行：运-20机组乘员从传统的3人减员到2人的飞行体制。运-20大型运输机的飞行员要承担飞行员、领航员、通信员和机械师四个角色的工作。

涡扇发动机

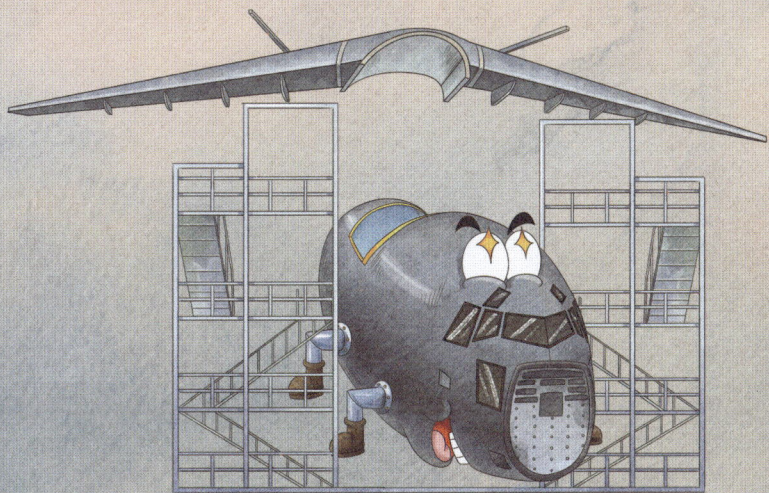

数字化装配运-20

数字化装配

运-20采用数字化装配技术，对空精度高达0.05毫米。数字化装配技术大幅降低了时间成本，比如把机翼和机身进行"大十字对接"，仅需耗费40分钟。

自动化空投

运-20实现了空投操作的自动化，整个空投过程由计算机来控制，只要提前输入装载方案，机舱内的货物量、所需的空投批次、机舱内的剩余量等信息，都会清楚直观地显示在操作屏上，实现"一键空投"。

运-20空投物资

运-20之所以有如此强大的航行能力，离不开超临界机翼。这种特殊翼型前缘钝圆，上表面平坦，下表面接近后缘处反凹，后缘变薄且向下弯曲。这种设计构型可以提高机翼的临界马赫数，减轻机翼结构重量。

2015年，"空中造楼机"研制成功

2015年，中国科研团队攻克多项技术难关，研制出了"造楼神器"——"空中造楼机"。作为中国自主研发的智慧结晶，"空中造楼机"不仅大幅度提升了建筑施工的速度和安全性，还以其绿色环保的设计理念，引领了全世界建筑业的新风尚。

喷淋管线：主要用于降尘和清洁。

可开合雨棚：采用高强度、耐腐蚀的材料制成，可以防止雨天对施工造成影响，特别是保护正在浇筑的混凝土不被雨水冲刷。

"空中造楼机"全称"超高层建筑智能建造一体化装备平台"，是一种集成化、智能化的建筑施工平台。它能够模拟移动式造楼工厂，通过机械操作和智能控制手段，实现高层及超高层建筑的快速、安全施工建造。

2023年3月7日，第四代"空中造楼机"在海南省在建的第一高楼"海南中心"项目中完成了首根立柱吊装，实现了平均每9天建设一层楼的速度。

"空中造楼机"的工作原理

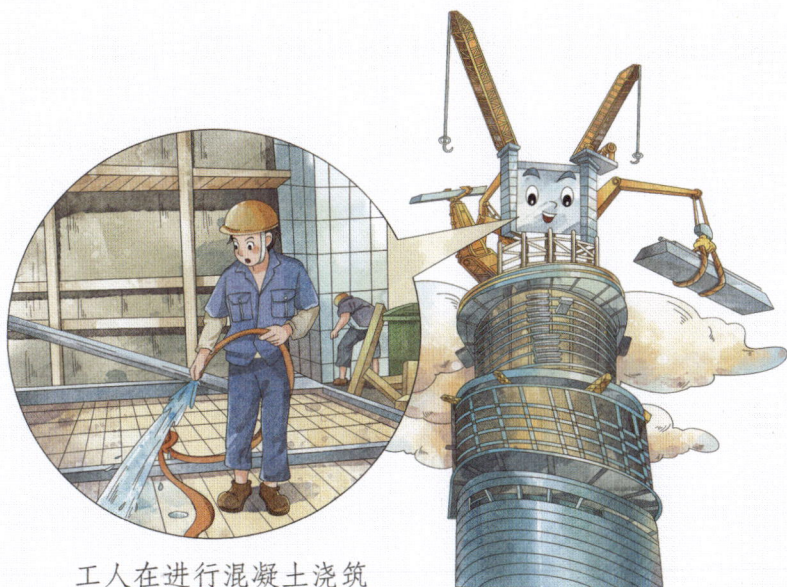

"空中造楼机"外形酷似一个蓝色幕布包裹的大平台，环绕着在建大楼，内部形成一个封闭、安全的作业空间。工人在此空间内进行各个模块的施工，如钢筋绑扎、混凝土浇筑等。造楼机与楼体通过预设的支点相连，完成一层楼的建设后，通过控制系统整体顶升，继续向上施工。这种技术显著提高了施工速度，降低了安全风险，实现了资源的有效利用。

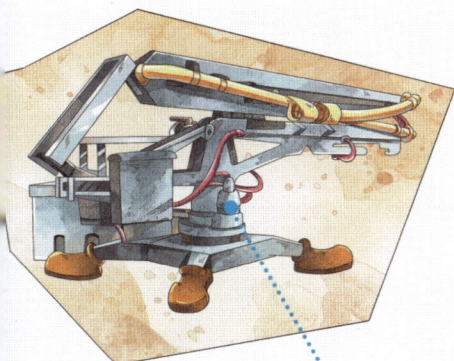

工人在进行混凝土浇筑

5G塔吊控制中心

液压布料机：将混凝土等建筑材料精确、高效地输送到指定位置的机械设备，通常通过液压系统驱动。

钢平台系统：为工人提供作业空间的钢结构平台。

模板系统：在混凝土浇筑过程中，用于形成结构形状和尺寸的重要工具，由模板板面、支撑结构和紧固件等组成。

5G塔吊远程智能控制系统

第四代"空中造楼机"采用了先进的5G塔吊远程智能控制系统，该系统利用5G通信技术，实现了塔机与地面控制中心、塔机与塔机之间的信息交互。通过集成多视频、多传感器的现场信息采集系统，该控制系统使塔机操作人员能够全方位地感知现场工况，从而在地面的模拟驾驶舱中远程操作塔机施工。

2016年，"华船一号"自航式浮船坞首航成功

　　中国于2016年2月成功研发并建造了第一艘自航式浮船坞——"华船一号"，并于同年3月1日首航成功。该船坞可为3万吨以下船舶提供进坞维修保障，是当前海军除航空母舰外所有主战舰艇的重要维修平台。"华船一号"开启了中国大型舰船海上坞修的新纪元。

"华船一号"自航式浮船坞全长168米，宽48米，其结构呈"U"型，便于待修舰船自行出入。船坞配备了先进的维修设备和工具，可在6级大风和2米浪高的恶劣海况条件下作业，能满足大型导弹驱护舰、2万吨级补给舰、两栖战舰、核潜艇等多种类型舰船的维修需求。

船舶固定构件移动轨道：主要用于固定和移动舰船。

船首锚：用于在需要时固定浮船坞的位置，防止其因风浪等外部因素而漂移。

驾驶舱及指挥舱

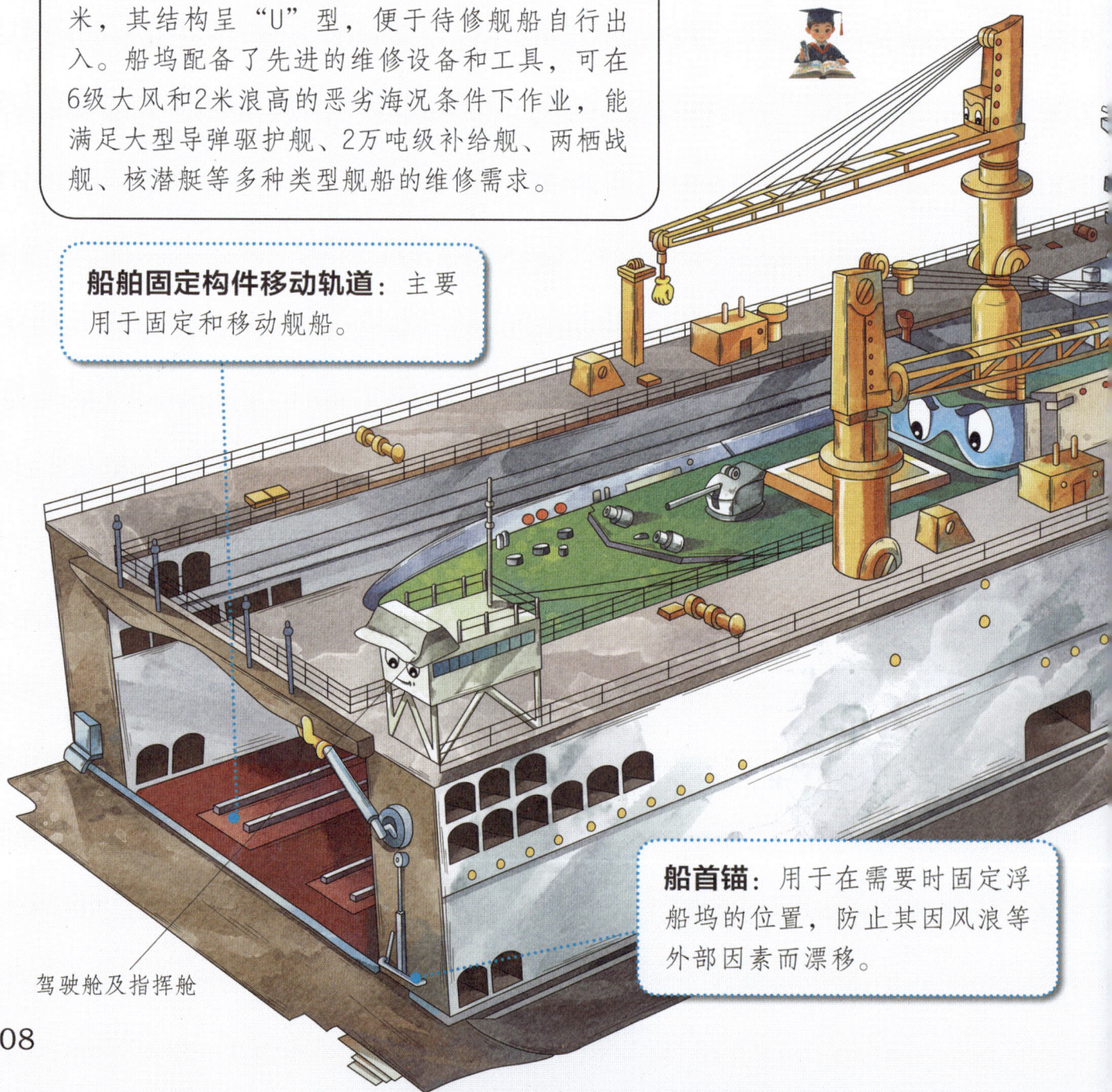

"华船一号"的指挥舱

"华船一号"的指挥舱是整个浮船坞的"大脑"，指挥舱内配备了先进的电子设备和控制系统，包括导航系统、通信系统、监控系统等。

指挥员在指挥舱内实时监控船体

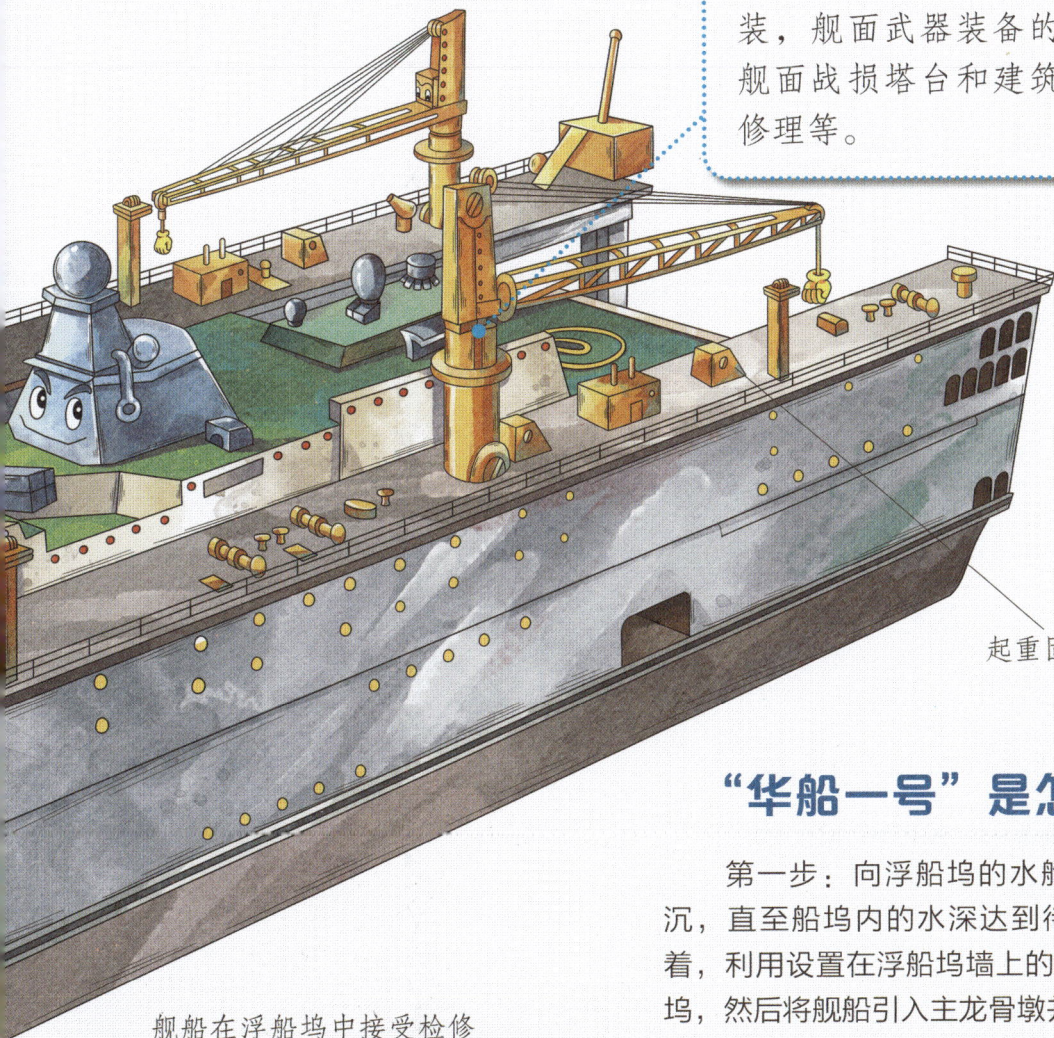

起重机：共4台，左右舷交错布置。起吊范围能够覆盖整个抬船甲板，主要用于对大型机械设备的吊装拆除与安装，舰面武器装备的更换与补给，对舰面战损塔台和建筑物舱室的维护与修理等。

起重固定塔

"华船一号"是怎样工作的？

第一步：向浮船坞的水舱注入水，使浮船坞下沉，直至船坞内的水深达到待修船的吃水要求。接着，利用设置在浮船坞墙上的绞盘牵引舰船进入浮船坞，然后将舰船引入主龙骨墩并固定妥当。

第二步：把浮船坞水舱内的水抽出，浮船坞会上浮，直至船坞顶板露出水面，此时待修舰船也会随着底板一同露出水面。浮船坞上的各专业修理分队便可以对待修舰船的水下部分进行检查、维护以及各种修理工作。

第三步：当修理工作完毕后，向浮船坞水舱里注满水，浮船坞下沉，修好的舰船便可自行驶出浮船坞。

舰船在浮船坞中接受检修

2016年，厦门远海自动化码头投入运营

2016年3月，厦门远海自动化码头正式投入商业运营，作为世界上首个第四代自动化码头，它不仅是中国首个拥有全部自主知识产权的自动化码头，更是智慧港口建设的典范。该码头以其智能高效、安全可靠及可持续发展的特点，引领了传统集装箱码头向现代化码头的转型。

厦门远海自动化码头分为前沿作业区、水平运输区、堆场作业区等多个区域。堆场能够容纳约1.17万个标准集装箱，并且配备多台自动化的双小车岸边集装箱起重机、轨道吊、导航运载车和集装箱转运平台等设备，实现集装箱装卸、运输和堆存的自动化，被誉为"魔鬼码头"。

轨道吊：在堆场内部沿轨道行驶，负责集装箱的堆存和取放，采用电动驱动，减少噪音和二氧化碳排放，符合绿色环保要求。

无人驾驶集装箱卡车

无人驾驶集装箱卡车是厦门远海自动化码头智能化升级的重要成果。这些卡车采用"无驾驶舱"设计，依托5G、北斗高精度定位、多传感器融合等先进技术，实现了环境主动感知、自主定位、自主智能控制、遥控控制和远程通信等功能。它们能够在码头操作系统发出的指令下，自动驾驶至指定位置，完成集装箱的装卸和转运任务，全程几乎无需人工干预。

港口实现5G网络全覆盖

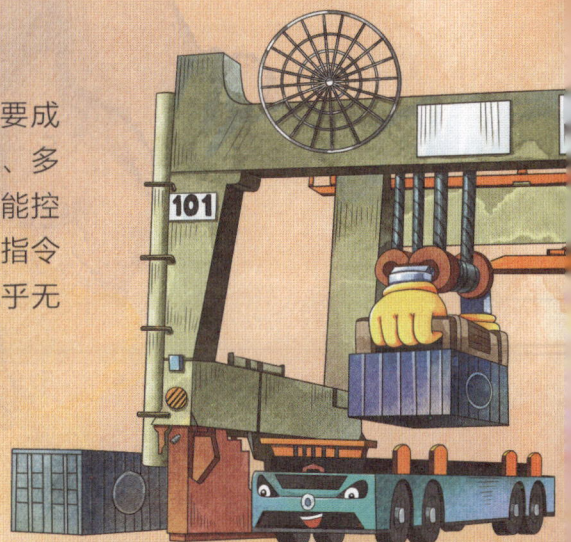

无人驾驶集装箱卡车在装载集装箱

5G全场景应用智慧港口

2020年，厦门远海自动化码头成为中国第一个5G全场景应用智慧港口。通过5G网络基础覆盖，结合边缘计算、高精度定位、人工智能等技术，该码头实现了自动驾驶、港机远控、智能安防等多个5G典型应用场景的部署落地。

自动化双小车岸边集装箱起重机：简称自动化岸桥，采用双小车设计，能够同时处理两个集装箱，大幅提高了装卸效率。

2017年，"天舟一号"货运飞船成功发射

2017年4月20日，"天舟一号"货运飞船搭乘"长征七号"遥二运载火箭成功发射升空。"天舟一号"的主要任务是为"天宫二号"空间实验室进行货物运输和补给，这是中国载人航天工程空间实验室任务的收官之战。它的成功发射与运作，标志着中国载人航天工程第二步胜利完成，也正式宣告中国航天迈进"空间站时代"。

推进舱：位于飞船后部，配备了多台发动机，包括4台轨控发动机和22台姿控发动机等，为飞船在轨道运行、姿态调整以及与空间站的对接过程中提供动力。

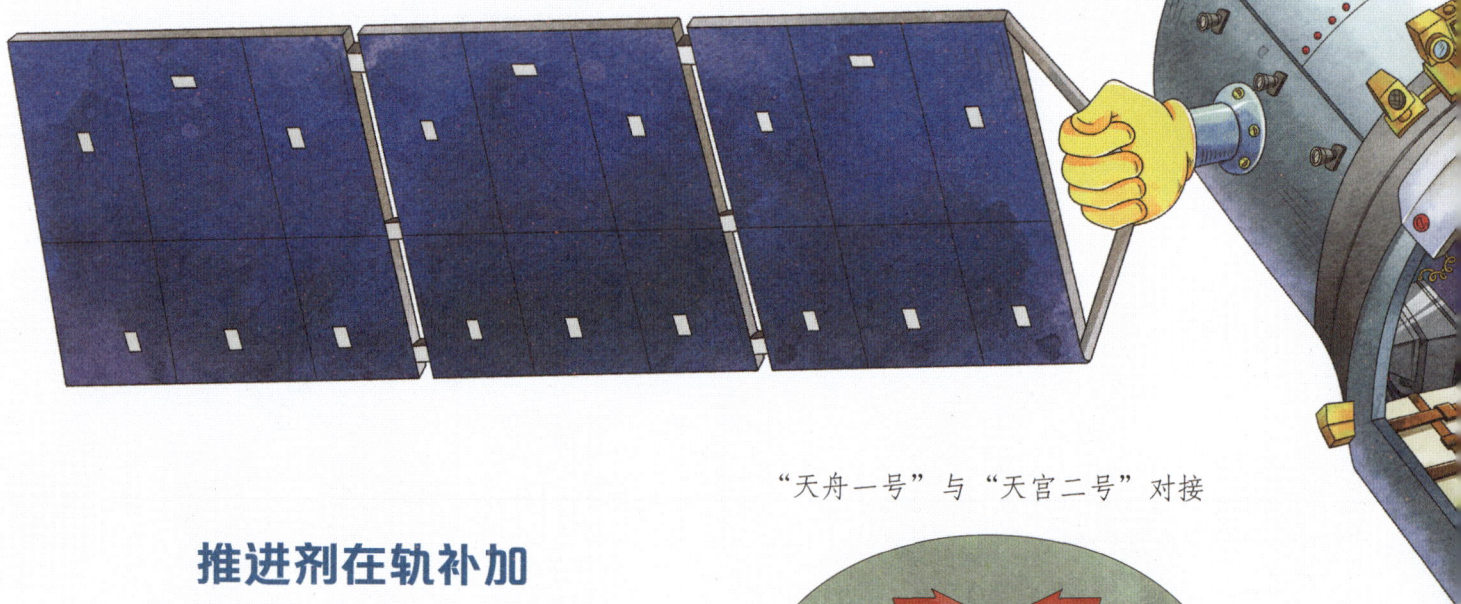

"天舟一号"与"天宫二号"对接

推进剂在轨补加

"天舟一号"的一项关键技术是推进剂在轨补加，也就是常说的"太空加油"。首先，飞船与空间站要实现高精度的对接；然后，利用压力差和专门的泵送系统，将推进剂从货运飞船的储存罐中抽出，经过管路输送到空间站的相应储存罐内。"天舟一号"成功实施了多次推进剂在轨补加试验，为未来空间站长期运营提供了动力保障。

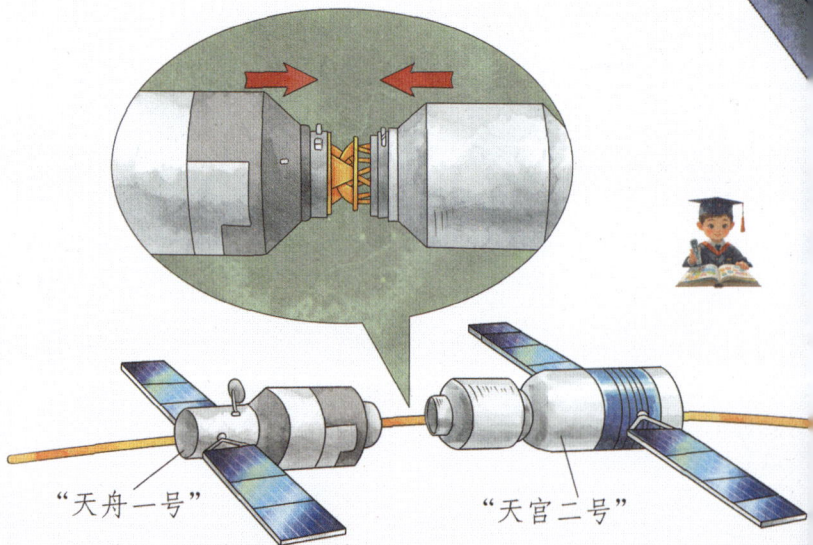

"天舟一号"　　　　"天宫二号"

中国空间站

"天舟"货运飞船

"天舟"货运飞船补给中国空间站

货物舱： 呈圆柱形，内部容积较大，能够容纳重达6.5吨的货物。

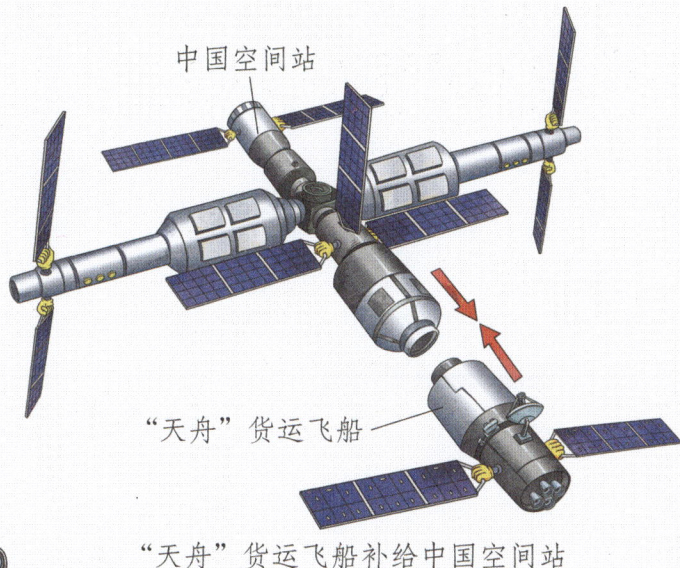

中国载人航天工程的"三步走"发展战略

第一步：发射载人飞船，建成初步配套的试验性载人飞船工程，开展空间应用实验。从1999年11月"神舟一号"成功发射，到2003年10月"神舟五号"载着中国航天员杨利伟飞上太空，中国成为继俄罗斯、美国之后第三个将人类送上太空的国家，标志着第一步任务完成。

第二步：突破航天员出舱活动技术、空间飞行器的交会对接技术，发射空间实验室，解决有一定规模的、短期有人照料的空间应用问题。从2005年"神舟六号"多人多天太空飞行试验，到2017年"天舟一号"与"天宫二号"成功完成首次推进剂在轨补加试验，使中国掌握推进剂在轨补加技术，至此第二步任务宣告完成。

第三步：建造空间站，解决大规模的、长期有人照料的空间应用问题。2020年5月5日"长征五号"B运载火箭首飞成功，拉开了空间站阶段飞行任务的序幕，至2022年12月31日中国空间站全面建成，第三步任务顺利完成。

"天舟一号"是中国自主研制的第一艘货运飞船，长约10.6米，最大直径约3.35米，采用两舱构型，由推进舱和货物舱两部分构成。继"天舟一号"货运飞船之后，中国又发射了一系列"天舟"货运飞船，用于持续为中国空间站输送物资。

2019年，北京大兴国际机场正式通航

2019年9月，北京大兴国际机场正式通航。它位于北京市大兴区与河北省廊坊市广阳区之间，是一座未来旅客吞吐量可达1亿人次的超大型国际枢纽机场，世界上规模最大的机场之一。机场航站楼是世界最大的减震建筑，也是世界首座实现高铁下穿的航站楼，集现代化、智能化、绿色化于一体。

北京大兴国际机场的航站楼面积为78万平方米，呈独特的六角星形状，是世界最大的单体航站楼。航站楼的主楼屋顶是一个整体结构，设计高度50米，采用自然采光和自然通风的设计，同时实施照明、空调分时控制措施，还采用地热能源、绿色建材等绿色节能技术和现代信息技术。

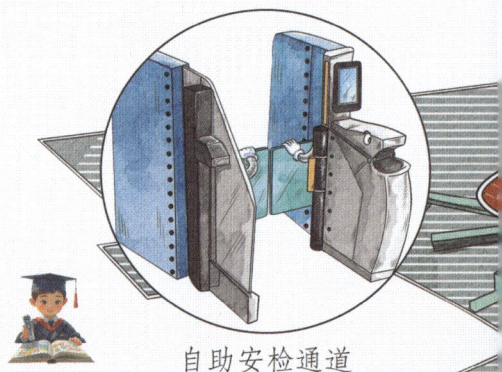

自助安检通道

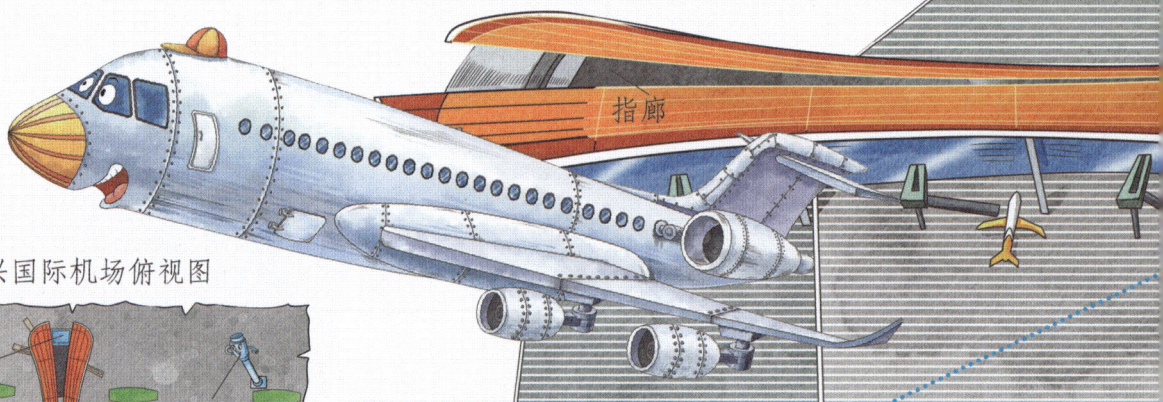

北京大兴国际机场俯视图

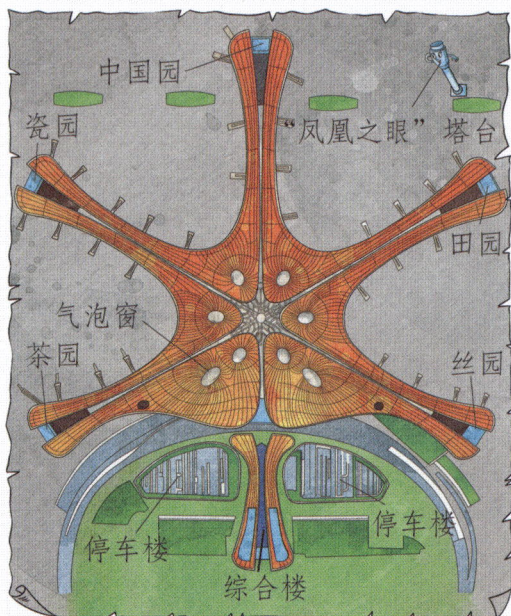

指廊

中国园
瓷园
"凤凰之眼" 塔台
田园
气泡窗
茶园
丝园
停车楼
停车楼
综合楼

双进双出的航站楼：最大化利用垂直空间，实现双层到港和双层出发，提高了中转等各项流程的连续性，为旅客提供了更加便捷、高效的出行体验。

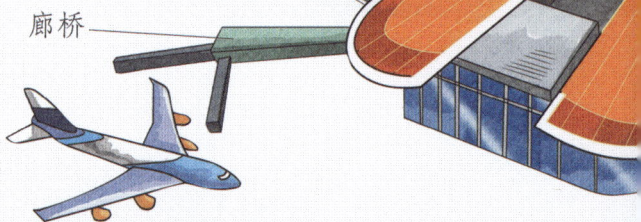

廊桥

北京大兴国际机场航站楼中厅结构图

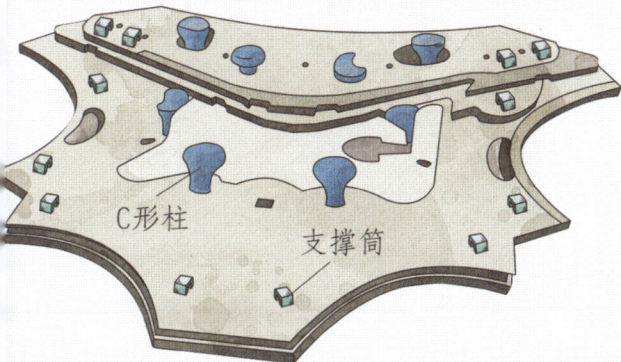

C形柱

支撑筒

"刷脸"走遍机场

旅客只需进行一次性人脸注册，就可实现全程只需"刷脸"，即可完成办理乘机手续、托运、过安检、登机等。

自助行李托运设备：为旅客提供电子行李牌识别、多件行李自助托运、逾重行李收费等多种服务。

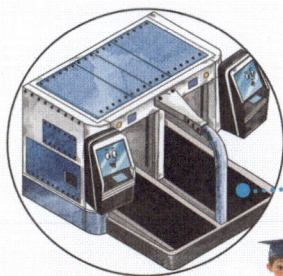

穹顶：由6.3万多根钢结构焊接而成，呈不规则曲面。穹顶四周的幕墙结构仅靠8组C形柱、12组支撑筒支撑起来，形成几乎无柱的巨大中厅。

天窗：由1扇巨大的六角形天窗和6扇条形天窗构成，一共使用了1.28万块不同形状的铝网玻璃。

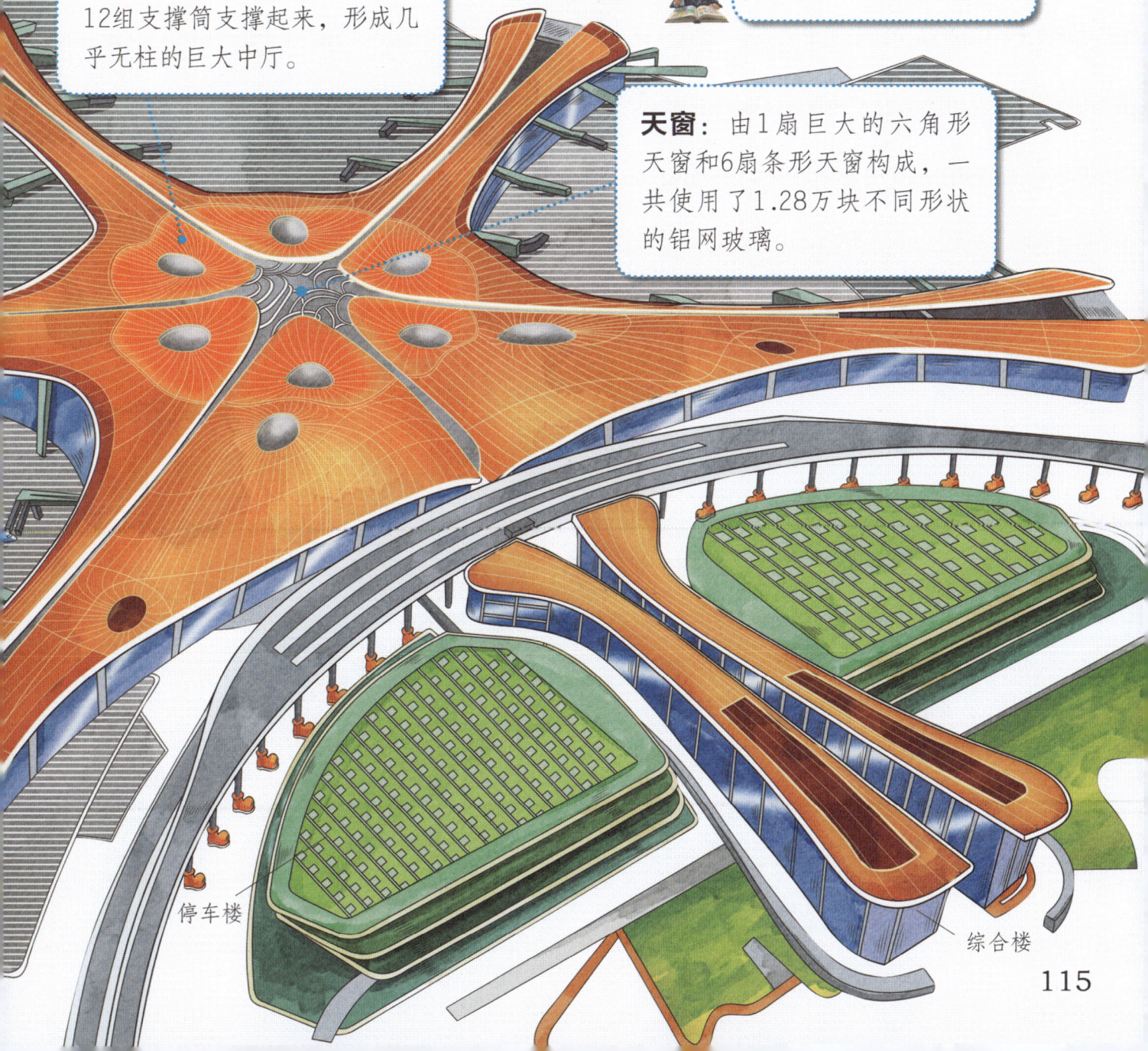

停车楼

综合楼

115

2020年，"中国天眼"正式开放运行

在贵州省黔南布依族苗族自治州境内，有一只仰望宇宙的"中国天眼"，它就是500米口径球面射电望远镜（FAST），为世界上单口径最大、最灵敏的射电望远镜。"中国天眼"于2016年启动，2020年正式开放运行，为科研人员提供了大量有效数据，基于其观测数据，中国科学家发现了一批迄今最遥远的中性氢星系样本。

"中国天眼"的反射面相当于30个足球场的面积，周长约1.6千米，绕着圈梁走一圈大约需要40分钟。这台望远镜需要8895根高强度钢索才能固定住，仅钢索就消耗了大约1300吨钢材。

馈源舱："中国天眼"的核心部件，用于接收电磁波信号，被称为"天眼"的"瞳孔"。馈源舱重约30吨，直径约13米。它通过索驱动系统改变位置和角度，使"天眼"更灵活地观测不同目标。

馈源支撑塔：共有6座，是承载和驱动钢索的依托支架。塔上安装了索驱动系统，每座塔牵着1根钢索。

忙碌的智能机器人

"中国天眼"上部署了多个智能机器人系统，提供运行维护保障。例如，馈源支撑缆索及滑车检测机器人，可以对百米高空中的6根钢索和滑车进行安全检测；反射面激光靶标维护机器人，能在大坡度上"攀爬"，维护反射面上的激光靶标。

反射面激光靶标
维护机器人

馈源支撑缆索及
滑车检测机器人

反射面板

"中国天眼"的反射面口径达500米，这个庞大的反射面由4450块铝合金反射面板拼接而成，每块反射面板的厚度只有1毫米，反射面板上还带有直径5毫米的孔洞。

2020年，北斗卫星导航全球系统全面建成

北斗卫星导航系统是中国自主研制的卫星导航系统。2000年10月31日，首颗"北斗"导航卫星成功发射，标志着中国拥有了自己的卫星导航系统；2012年12月27日，"北斗二号"正式向亚太区域提供服务；2020年7月31日，"北斗三号"全面建成，标志着中国拥有了完全自主可控的全球卫星导航系统。

北斗卫星导航系统实施"三步走"的发展战略，按照"先区域、后全球"的总体思路进行建设和发展。

2015～2020年，中国共发射35颗"北斗三号"卫星，建成北斗卫星导航全球系统，为全球用户服务。"北斗三号"卫星运行轨道包括地球中圆轨道、倾斜地球同步轨道和地球静止轨道，且较"北斗二号"卫星，每种轨道类型的数量分配更加明确。

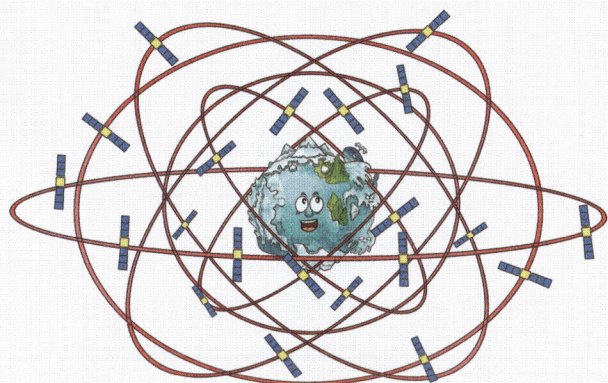

"北斗三号"全球导航示意图

"北斗一号"导航示意图

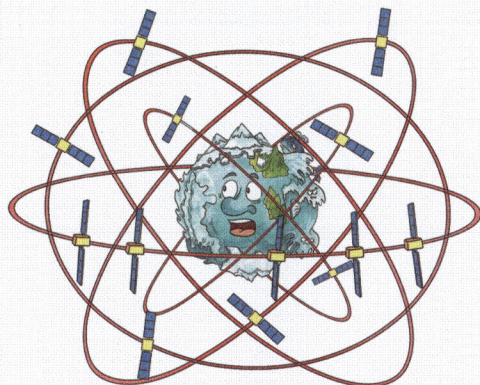

"北斗二号"区域导航示意图

"北斗一号"卫星

2000~2007年，中国先后发射了4颗"北斗一号"导航试验卫星，建成了"北斗一号"卫星导航试验系统。卫星运行轨道均为地球静止轨道。"北斗一号"服务区域是中国及周边地区，其功能包括定位、单双向授时和短报文通信。"北斗一号"系统现已停用。

"北斗二号"卫星

2007~2019年，中国陆续发射了20颗"北斗二号"卫星，完成"北斗二号"卫星导航区域系统的建设。这些卫星运行轨道包括地球中圆轨道、倾斜地球同步轨道和地球静止轨道。"北斗二号"服务区域是整个亚洲和太平洋沿岸地区，其主要功能包括定位、测速、单双向授时和短报文通信。

短报文通信

短报文通信是北斗卫星导航系统具备的特有的通信功能，即使在海岛、沙漠、戈壁、森林等没有通信设备和网络设备的地方，人们也可以利用北斗导航卫星进行双向信息传递。人们利用这个功能可实现用户与用户、用户与中心控制系统之间的简短数字报文通信。在全球范围内，单次短报文通信可发送40个汉字，而在中国及周边地区，单次短报文通信可发送1000个汉字。

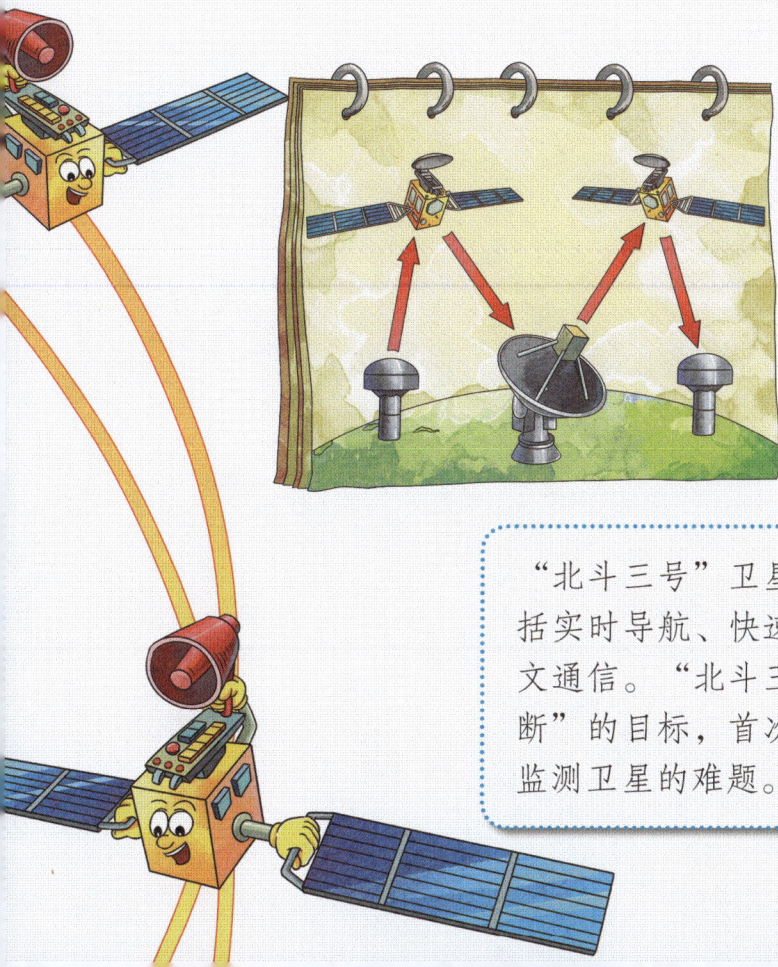

"北斗三号"卫星服务区域扩大到了全球，其功能包括实时导航、快速定位、精确授时、位置报告和短报文通信。"北斗三号"卫星首次提出"保证服务不间断"的目标，首次建立了"星间链路"，解决了境外监测卫星的难题。

2020年，阳江南鹏岛海上风电项目建成

　　广东省阳江市的南鹏岛海上风电项目是中国重要的清洁能源工程之一。该项目于2018年5月开工，2020年12月实现所有风电机组全容量并网发电。这一项目是国内单体容量最大的海上风电项目，它的建成标志着中国海上风电技术迈上了新的台阶。

风电机组：5.5兆瓦风电机组的叶轮直径可达155米，轮毂高度约100米。在满发状态下，一台5.5兆瓦风电机组一小时可发电5500度，在恶劣的海况下仍能稳定高效地运行。

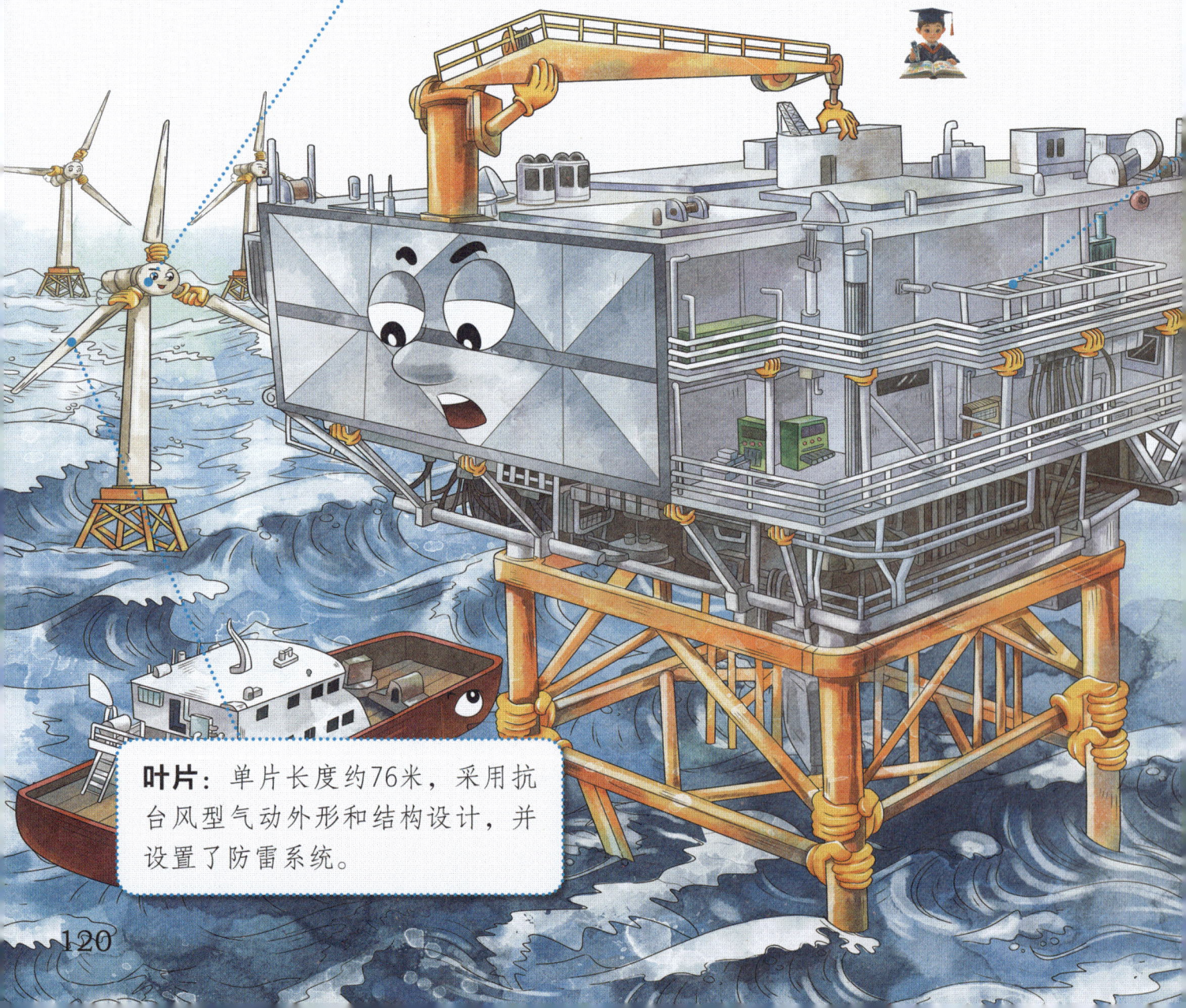

叶片：单片长度约76米，采用抗台风型气动外形和结构设计，并设置了防雷系统。

集控中心

阳江南鹏岛海上风电项目拥有一座陆上集控中心，位于阳江市阳东区大沟镇，占地面积1.28万平方米，建筑面积6200平方米。集控中心是海上风电场的大脑，能对整个海上风电场进行实时监控，确保风电场的安全、高效运行。

阳江南鹏岛海上风电项目集控中心

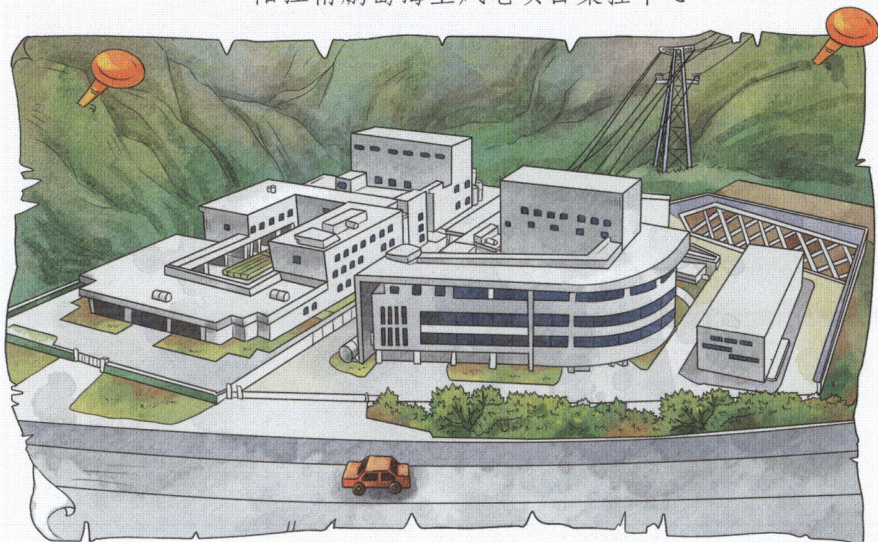

海上升压站：海上风电场的电能汇集中心，被誉为海上风电场的"心脏"。所有风机所发的电能通过海底电缆汇集到海上升压站进行升压处理后，再通过海底电缆接入陆上集控中心，最终并入电网。

阳江南鹏岛海上风电项目位于广东省阳江市东平镇南侧、海陵岛东南侧海域，装机总容量约40万千瓦，安装了73台5.5兆瓦风电机组。

风电机组是怎样安装的？

第一步：在选定的海域内，通过打桩船或专门的海上施工设备，将风电机组的基础（如四桩导管架基础）沉入海底并固定。

第二步：将风电机组的各个部件如塔筒、机舱、叶片等通过风电安装船运输到海上施工现场。

第三步：安装团队利用风电安装船的起重设备，将部件逐一吊装到预定的位置，并进行组装。

第四步：在风电机组组装完成后，会进行一系列的调试工作，检查和测试电气系统、控制系统等。确认无误后，风电机组将接入电网，开始正式发电。

风电安装船在安装叶片

2022年，"夸父一号"发射升空

　　2022年10月9日，"长征二号丁"运载火箭在酒泉卫星发射中心成功将"夸父一号"发射升空。"夸父一号"全称先进天基太阳天文台（简称ASO-S），是由中国太阳物理学家自主提出的综合性太阳探测专用卫星。"夸父一号"的发射升空开启了中国综合性太阳观测的新时代。

莱曼阿尔法太阳望远镜（LST）：观测太阳的莱曼阿尔法波段辐射，可提供太阳色球和日冕的高分辨率图像，帮助科学家更好地理解太阳大气的活动。

硬X射线成像仪（HXI）：主要探测太阳耀斑中的高能X射线辐射，能够提供耀斑的位置、大小和能量分布等信息。通过对硬X射线的观测，可以深入了解耀斑的物理过程和能量释放机制。

　　"夸父一号"质量约859千克，设计寿命4年，运行在约720千米的太阳同步晨昏轨道。"夸父一号"以探测太阳"一磁两暴"为科学目标，"一磁"即太阳磁场，"两暴"即太阳耀斑和日冕物质抛射。该卫星搭载了全日面矢量磁像仪、莱曼阿尔法太阳望远镜和太阳硬X射线成像仪3台有效载荷。

"夸父逐日"神话故事

"夸父一号"的命名

"夸父一号"的命名直接取材于中国古代的神话故事"夸父逐日"。传说，夸父追赶太阳，一直追到太阳落下的地方——禺谷。由于口渴难耐，他先后饮干了黄河和渭河的水，但依旧不解其渴，最终决定前往北方的大泽寻找水源。然而，在前往大泽的途中，夸父因体力不支而倒下，他的身躯化作了一片茂密的桃林，为后人留下了生命的绿洲。

全日面矢量磁像仪（FMG）：用于测量太阳磁场的强度和方向，可对太阳整个可见表面进行磁场观测，为理解太阳活动的起源和演化提供关键数据。

"夸父一号"观测到耀斑成像

观测耀斑

耀斑是太阳黑子区域的一种爆发现象，释放出强烈的辐射，形成一种明亮的光斑，是太阳活动最主要的标志之一。2024年1月1日，"夸父一号"成功记录了第25太阳活动周迄今最大的耀斑。

2023年，中国商飞C919完成首飞

2023年5月28日，中国商飞C919大型客机成功完成了其全球首次商业载客飞行，标志着中国民航商业运营国产大飞机正式起步。作为中国首款按照国际标准研发、具有自主知识产权的喷气式干线飞机，C919的成功不仅打破了国际航空市场的垄断格局，更彰显了中国在航空科技领域的强大实力与创新能力。

机头：采用4块大面积双曲面造型的风挡玻璃，面积近4平方米，为机组人员提供宽广的视野，流线型设计使得飞行阻力更小。

机身：采用整体壁板结构将多部件集成一体，不仅提高了结构强度，还降低了制造难度与成本。

翼梢：装有小翼，小翼通过干扰机翼翼尖涡流，降低飞机阻力，减少燃油消耗。

舱门：包括登机门、服务门、客舱门、货舱门、应急出口等，共17个，满足飞机的各种运行需求。

中国商用飞机有限责任公司

C919

C919的发动机

　　C919所使用的LEAP-1C型发动机是一款先进的航空发动机，采用了新一代的三维编织碳纤维复合材料风扇叶片，具有良好的气动性能和抗外物损伤能力，推进效率高，噪音低。它还创新性地使用了3D打印燃油喷嘴，具有燃烧效率高、油耗低和污染物排放少等特点。

C919的喷管

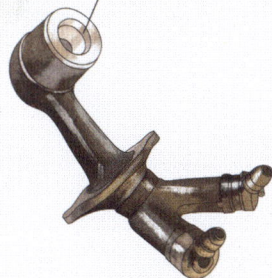

C919的中央翼缘条

座位：前后间距较为宽敞，便于舱内走动和餐车通过。

机翼：采用创新的超临界机翼设计，有效降低了空气阻力，提高了飞机的巡航性能和燃油经济性。此外，机翼上还安装有高效增升装置，大大提高了飞机的起降性能和安全性。

C919的中央翼缘条

　　C919的中央翼缘条是机翼结构中的核心承力部件，位于中央翼边缘。它是一根钛合金材质的部件，长约3米，重约196千克。该部件于2012年1月通过3D打印技术制造成功，并在同年通过了商业飞行的性能测试。2013年，这根中央翼缘条成功应用在C919的首架验证机上。这是国产机型首次在设计验证阶段利用3D打印技术制造承力部件，在国际民用飞机的设计生产中也属首次。

2024年，"福建舰"完成首航

　　"福建舰"（舷号：18）是中国海军的第三艘航空母舰，是中国完全自主设计建造的第一艘弹射起飞型航空母舰，于2024年5月8日顺利完成首次试航任务。作为世界上第一艘常规动力电磁弹射航空母舰，"福建舰"实现了从滑跃起飞到弹射起飞的跨越式进步，是中国海军现代化的重要里程碑。

福建舰舰长约317米，宽约78米，最大航速30节，满载排水量8万余吨，是目前世界上最大的常规动力航空母舰，拥有巨大的甲板面积，标准配置下可搭载几十架各型舰载机。

舰岛： 位于右舷，最上层是七边形的一体化电子桅杆，安装有各类天线。上半部分的外墙布置了多种型号的平板阵列化的相控阵雷达，与电子桅杆共同组成了先进的舰载雷达体系。

电磁弹射器： 共配备3条，为舰载机提供更强大、更均匀的弹射力，使舰载机能够在更短的距离内达到起飞速度。

舰载机如何被"弹射"出去？

舰载机从"福建舰"上弹射起飞

电磁弹射技术的工作原理是通过储能系统储存电能，然后在弹射时释放这些电能，通过直线电机产生强大的推力，将舰载机"弹射"出去。在弹射前，先利用电能让一个数吨重的飞轮旋转起来，让其每分钟达到数千转，使电能转换成飞轮中的动能，这个过程需要约45秒；在弹射时，利用飞轮的动能迅速发电，2~3秒产生数万千瓦的电功率，把舰载机"弹射"出去。

空警-600固定翼预警机

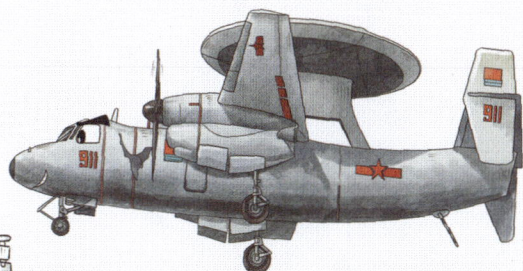

空警-600固定翼预警机是中国自主研发的首款舰载预警机，基于空警-500改进而来。空警-600采用先进的雷达系统，机身上方的大圆盘比空警-500更加庞大，这使其预警探测范围更远，能够同时监测更多的目标，为航空母舰编队提供更强大的远程预警能力，有效提升编队的安全性和作战能力，是航空母舰编队的"力量倍增器"。

飞行甲板：采用平直通长飞行甲板设计，为舰载机提供了更广阔、更平坦的起降空间。

2024年，"九天"重型无人机亮相

在2024年第十五届中国国际航空航天博览会上，一款名为"九天"的重型无人机公开亮相。这款无人机可灵活配置多种用途，标志着中国在无人机技术领域的重大突破，彰显了中国的科技实力和创新精神。

异构蜂巢任务舱：可搭载大型或微型等多种类型的无人机的舱室，可释放蜂群无人机群。该任务舱内部被划分为多个模块，每个模块可根据任务需求进行快速更换。

"九天"重型无人机被誉为"无人空中航母"，翼展约25米，最大起飞重量约16吨，最大载重约6吨，可满足空运空投、信息支援与对抗等多种任务需求。在地质勘探、物资投送、抢险救灾等民用领域，这款无人机也能够发挥重要作用。

"翼龙"无人机

除了"九天"无人机，中国还自主研制出了"翼龙"无人机。该无人机是军民两用、中低空、长航时多用途无人机，家族成员众多，包括翼龙-1系列、翼龙-2系列、翼龙-10系列等。翼龙-1于2007年实现首飞，可执行侦察打击等任务，出口多个国家；翼龙-2于2017年实现首飞，是国产涡桨动力大型无人机，可进行侦察监视、对地打击等任务，还衍生出反潜侦察、应急救灾等型号；翼龙-10是中国自主研制的大型固定翼无人机，具有飞行效率高、续航时间长、载荷重量大、用途范围广等特点。

翼龙-10无人机

机翼武器挂架：多达8个，其中4个是重载挂点，能够携带多种武器弹药。

2024年，"四川舰"正式下水

2024年12月27日，由中国自主研制建造的076型两栖攻击舰首舰"四川舰"（舷号：51）正式下水。"四川舰"是中国海军的新一代两栖攻击舰，是海军提升远海作战能力的关键装备，也是全球首次采用电磁弹射技术的两栖攻击舰。

"四川舰"出坞示意图

出坞也要"挑时候"

2024年12月27日，"四川舰"进行了下水命名仪式，但直到12月29日才正式出坞。这是因为"四川舰"出坞要满足出坞条件，比如潮位要达到安全出坞的要求，风力应控制在一定范围内，周围能见度不低于150米……这些条件决定了船舰能否安全出坞。

"四川舰"满载排水量4万余吨，设置双舰岛式上层建筑和全纵通飞行甲板，创新应用电磁弹射和阻拦技术，可搭载固定翼飞机、直升机、两栖装备等。

什么是两栖攻击舰？

两栖攻击舰又称两栖突击舰，这种战舰能搭载舰载直升机等空中作战力量，也能运输坦克、登陆部队等陆战力量。在沿海地区作战时，两栖攻击舰可提供空中与水面支援，在海军中的地位仅次于航空母舰。

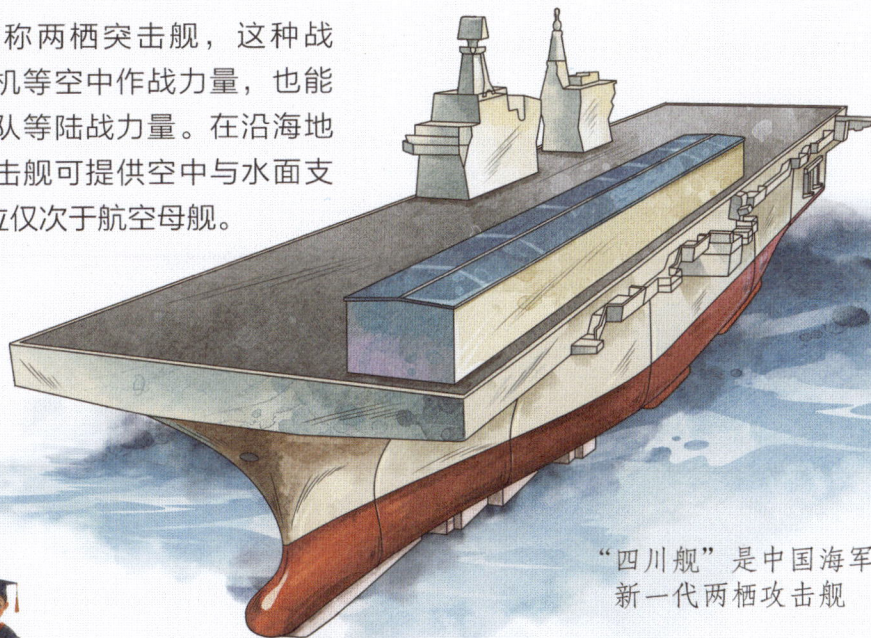

"四川舰"是中国海军新一代两栖攻击舰

全纵通飞行甲板

131